Verkaufen ist wie Liebe – jetzt auch als Hörbuch

- Entspannt zuhören und lernen
- Zu Hause, unterwegs, auf dem Weg zum Kunden

Verkaufen ist wie Liebe
Nutzen Sie Ihre emotionale Intelligenz
Das Hörbuch für Verkäufer

Von und mit Erfolgstrainer und Bestseller-Autor
Hans-Uwe L. Köhler

4 Audio-CDs
Über 240 Minuten Gesamtlaufzeit
ISBN 978-3-8029-4642-4

„Der Zuhörer erhält wertvolle Hinweise, wie er den Kunden ‚umwerben' und seine Produkte anziehend und begehrenswert machen kann – und all dies in ‚verbaler Erotik'. Ein originelles Hörbuch für all jene, die neuen Verkaufstechniken offenstehen."
Finanzwelt

Gleich bestellen über Ihre Buchhandlung
oder direkt bei

Metropolitan Verlag	Telefon: (09 41) 56 84 0
im Walhalla Fachverlag	Fax: (09 41) 56 84 111
Haus an der Eiserenen Brücke	E-Mail: metropolitan@WALHALLA.de
93042 Regensburg	Internet: www.metropolitan.de

Hans-Uwe L. Köhler

Verkaufen ist wie Liebe

NUTZEN SIE IHRE
EMOTIONALE INTELLIGENZ

16. Auflage

Bibliografische Information der Deutschen Nationalbibliothek
Die Deutsche Nationalbibliothek verzeichnet diese Publikation in der Deutschen National-
bibliografie; detaillierte bibliografische Daten sind im Internet über http://dnb.d-nb.de abrufbar.

Zitiervorschlag:
Hans-Uwe L. Köhler, Verkaufen ist wie Liebe
Walhalla Fachverlag, Regensburg 2012

E-Book inklusive: Der Erwerb dieses Fachbuches umfasst den kostenlosen Download des E-Books.
Nähere Informationen dazu finden Sie am Ende des Buches.

16. Auflage

© Metropolitan Verlag im Walhalla Fachverlag
Walhalla u. Praetoria Verlag GmbH & Co. KG, Regensburg
Alle Rechte, insbesondere das Recht der Vervielfältigung und Verbreitung
sowie der Übersetzung vorbehalten. Kein Teil des Werkes darf in irgendeiner Form
(durch Fotokopie, Datenübertragung oder ein anderes Verfahren) ohne schriftliche
Genehmigung des Verlages reproduziert oder unter Verwendung elektronischer
Systeme gespeichert, verarbeitet, vervielfältigt oder verbreitet werden.
Produktion: Walhalla Fachverlag, 93042 Regensburg
Umschlaggestaltung: grubergrafik, Augsburg
Druck und Bindung: Westermann Druck Zwickau GmbH
Printed in Germany
ISBN 978-3-8029-3250-2

Schnellübersicht

1 Die Idee von „Verkaufen ist wie Liebe" 7

2 Die Kunst, Ihre Kunden zu motivieren 45

3 Emotionales Verkaufen 109

4 Der Preis – pure Magie 135

5 Keine Angst vor dem Krach ... 159

6 LoveSelling® Professionelle Kommunikation mit Erfolgsgarantie 177

7 Auf der Suche nach der großen Liebe 183

Lesenswerte Literatur 193

Stichwortverzeichnis 195

„We hold this Truth to be self-evident, that all Men are created equal, that they are endowed by their Creator with certain unalienable Rights, that among these are Life, Liberty and the Pursuit of Happiness."

Aus der amerikanischen Unabhängigkeitserklärung,
4th July 1776

„Folgende Wahrheit halten wir für selbstverständlich: dass alle Menschen gleich geschaffen sind; dass sie von ihrem Schöpfer mit gewissen unveräußerlichen Rechten ausgestattet sind; dass dazu Leben, Freiheit und das Streben nach Glück gehören."

Die Idee von „Verkaufen ist wie Liebe"

1. The LoveSelling®Project 8
2. Man kann nicht nicht kommunizieren . 12
3. Ist Verkaufen wirklich so schwierig? . . 16
4. Gefunden: ein perfektes Kommunikationsmodell 20
5. Woher weiß man, wie man liebt? 26
6. Die fünf Bausteine der emotionalen Intelligenz 30
7. Der Kunde – dein Liebespartner! 35

1 *Die Idee*

1. The LoveSelling®Project

Eine Idee wird geboren

Sie werden in diesem Buch von einer Geschichte erfahren, von der eine ungeheure Faszination ausgeht. Es ist die Geschichte einer Idee. Und vielleicht wissen Sie sogar aus eigener Erfahrung: wenn eine Idee erst einmal geboren ist, dann fängt sie auch an zu wachsen und zu gedeihen, wird größer und spektakulärer!

1996 brachte ich zwei Begriffe zusammen: Verkaufen und Liebe! So entstanden zum einen der Begriff „The LoveSelling®Project" und zum anderen das Buch „Verkaufen ist wie Liebe"!

Entwicklungen inbegriffen

In der Zwischenzeit hat sich das Thema insgesamt verbreitet und vertieft. Es gibt wichtige Erkenntnisse, die unbedingt zu den Grundlagen hinzukommen müssen. Mir ergeht es dann wie einem Diamantschleifer: durch erneutes Gestalten gewinnt man weitere Facetten hinzu. Andere Betrachtungswinkel lassen die Dinge auf einmal noch klarer, noch deutlicher erscheinen.

Es ist also nur logisch, erneut die Gedanken des LoveSelling® in einem weiteren Buch zu veröffentlichen. Ein Roman benötigt keine Neuauflage – er ist fertig. Ein Sachbuch ist nie fertig – es entwickelt sich weiter.

Faszination Verkauf

Mit den Gedanken des LoveSelling® will ich Sie für ein Thema gewinnen, von dem eine ungeheure Faszination ausgeht: ich will Sie für das Verkaufen begeistern!

Erschreckt Sie diese Absicht? Stellen Sie sich gerade die folgende Frage: „Ja, will ich mich überhaupt begeistern lassen?"

Lassen Sie uns deshalb gleich zu Beginn dieses Buches über ein wichtiges Thema reden: über die Vor-Urteile im Verkauf!

Es ist eben so, dass der Ruf des Verkäufers keineswegs uneingeschränkt positiv besetzt ist. Es fällt auf, dass zwar sehr viele Menschen im Verkauf tätig sind, sich aber keineswegs voller Stolz zu diesem Beruf bekennen! Viel zu viele verstecken sich hinter Ersatztiteln wie „Berater, Repräsentant, Gebietsleiter, Kunden-Techni-

The LoveSelling®Project 1

ker". Zudem gibt es auch herabsetzende Berufsbezeichnungen wie „Klinkenputzer" – zum guten Schluss: „Wer nichts wird, wird Wirt. Und wem das misslungen, macht dann in Versicherungen!"

Offen gestanden, ich habe keine Ahnung, wie Sie sich öffentlich zu Ihrem Beruf bekennen. Werden Sie als Arzt, Anwalt, Handwerksmeister, Politiker, Hebamme, Pfarrer, Polizist, Friseur, Schauspieler, Fußballer, Kraftfahrer, DJ, Webmaster, Gerichtsvollzieher sagen, dass zu Ihrem Beruf die Fähigkeit des Verkaufens von großer Wichtigkeit ist?

Könnte es nicht sein, dass Sie das verneinen? Und könnte es nicht auch sein, dass Sie dann eher Schwierigkeiten hätten, sich für den Beruf des Verkäufers begeistern zu lassen?

Sie werden in diesem Buch Folgendes erleben: entweder, Sie werden vieles von dem, was Sie als erfolgreicher Verkäufer können und wissen, bestätigt finden, oder aber, Ihnen wird die Tür zu dieser Berufung aufgestoßen! In jedem Fall werden Sie die Welt des LoveSelling® kennen lernen! Und das ist eine wundervolle Welt!

Wunderwelt LoveSelling®

Lassen Sie uns zunächst über ein großes Problem in Deutschland sprechen: Wir leben in einer widersprüchlichen Gesellschaft. Einerseits finden wir es im Urlaub ganz toll, bis in den späten Abend hinein bummeln und einkaufen zu können, gleichzeitig brach bei uns fast eine Staatskrise aus, als die Ladenschlusszeiten verändert werden sollten!

Wir reden alle von der Dienstleistungsgesellschaft, aber keiner macht mit! Alles soll kundengerechter werden, doch wie sieht die Wirklichkeit aus? Werden Sie überall mit einem Lächeln begrüßt? Haben Sie schon einmal 5 Minuten vor Ladenschluss beobachtet, wie „bereitwillig" man Ihnen Auskunft zu einem speziellen Artikel gibt? Empfinden Sie Einkaufen als positives Erlebnis oder assoziieren Sie hiermit eher einen Wühltisch?

Dienstleistung

Hier noch ein paar Beispiele aus dem „Dienstleistungs-Paradies" Deutschland: Haben Sie schon mal versucht, Freitag nachmittag

1 Die Idee von „Verkaufen ist wie Liebe"

eine Ersatzteilabteilung zu erreichen? Wissen Sie eigentlich, wie es auf einer Kfz-Zulassungsstelle zugeht? Wie fühlen Sie sich behandelt, wenn Sie eine Reklamation vortragen? Was halten Sie vom Thema Kundenservice, wenn Sie statt in der versprochenen Hotline eines Unternehmens in der Warteschleife landen?

Wenn ich Ihnen jetzt noch Raum für Ihre ganz persönlichen Erfahrungen einräume, wie viel Platz müsste dann hier noch frei bleiben …?

Störenfried Kunde?

Ist Ihnen aufgefallen, wie viele Menschen im Verkauf tätig sind, die uns den Spaß, die Freude am Einkaufen verderben? Kennen Sie die Situation des unfreundlichen Regalverwalters, der einem so richtig klar macht, dass man nicht „sein Kunde", sondern allenfalls „ein potenzieller Störenfried" ist?

Es ist erstaunlich, wie viele Menschen im Verkauf tätig sind, ohne je den Sinn dieses Berufs wirklich begriffen zu haben und die große Befriedigung in dieser Aufgabe zu spüren.

Sind die Deutschen unfreundlich?

Manchmal wird der Versuch gemacht, das Verhalten deutscher Verkäuferinnen und Verkäufer kulturell zu begründen, nach dem Motto, Deutsche könnten auf Grund einer kulturell bedingten Gen-Deformation nicht freundlich sein. Selbst wenn es dafür ernsthafte Argumente gibt, lehne ich diese Position ab. Dafür gibt es einen ganz einfachen Grund: ich bin überhaupt nicht bereit, einen unfreundlichen Menschen zu akzeptieren, und will einem solchen Zeitgenossen kein Argument für seine Unfreundlichkeit zur Verfügung stellen.

Angenommen, ein Kunde betritt Ihr Geschäft. Was sehen Sie dann direkt vor sich? Viele werden sagen: „Ist doch klar, einen Menschen, einen Kunden!" Das ist zwar richtig, trifft den Kern der Sache aber nur bedingt.

Lächeln Sie Ihrem Gehalt entgegen!

Wissen Sie, was Sie sehen sollten, wenn Sie Ihrem Kunden gegenüberstehen? Sie betrachten dann direkt Ihr Gehalt, Ihr Einkommen, die Monatsmiete, die nächste Rate für Ihr Auto, Ihre Ur-

The LoveSelling®Project **1**

laubsreise, Ihre Kranken- und Altersversicherung, Sie sehen direkt Ihrer wirtschaftlichen Gegenwart und Zukunft ins Gesicht. Selbst wenn es nicht hoch ist, aber sein Gehalt lacht man doch an, oder?

Wissen Sie, was bei uns in Wirklichkeit Fakt ist? Unfreundlichkeit ist die Norm! Das Meinungsforschungsinstitut EMNID hat Mitte der neunziger Jahre 1500 Verbraucher gefragt, was sie besonders beim Einkaufen störe. Die Antwort war brutal: an der Spitze der Klagen stand mit 72 % die Aussage „unfreundliches Personal"!

Unfreundliches Verkaufspersonal

Es gibt eine weitere Marktforschungsarbeit, die die erste dramatisch verstärkt: das BAT-Freizeitinstitut aus Hamburg veröffentlichte im Februar 1997 eine Untersuchung, aus der hervorging, dass 74,8 % der Befragten „keinen Spaß bei der Arbeit hätten"!

Spaß bei der Arbeit?

Betrachten Sie doch einmal die beiden Zahlen: 72 % klagen über unfreundliche Mitarbeiter und fast 75 % haben keinen Spaß bei der Arbeit. Erkennen Sie den offensichtlichen Zusammenhang? Es macht doch Sinn anzunehmen, dass Menschen, die keinen Spaß bei der Arbeit haben, natürlich auch nicht freundlich sind! Auch umgekehrt wird ein Paar Stiefel daraus: wer unfreundlich ist, der wird durch die Reaktionen seines Umfeldes auch wenig Spaß bei seiner Tätigkeit erleben.

Nun wäre es natürlich fatal zu glauben, allein die pauschale Mahnung an alle Verkäuferinnen und Verkäufer: „Bessert euch!" würde etwas bewirken. Es muss etwas anderes geweckt werden, etwas, was Ihnen, dem Leser dieses Buches, den Durchbruch zum hochmotivierten Verkäufer ermöglicht!

Verkaufen bedeutet: Menschen gewinnen und überzeugen wollen! Wenn dieses Wollen da ist, dann können Sie das nächste Ziel in Angriff nehmen: Gewinnen und überzeugen!

Gewinnen und überzeugen

Und genau mit diesem Ansatz haben viele Menschen ein Problem: Darf man das denn überhaupt, Menschen überzeugen wollen? Ist es ethisch in Ordnung, das Wollen anderer zu beeinflussen?

1 *Die Idee von „Verkaufen ist wie Liebe"*

Professionelle Kommunikation

Die Idee des LoveSelling® geht sogar noch einen Schritt weiter: die Kommunikation zwischen den Menschen muss entschlossen aus dem Amateurstatus in den Stand der Professionalität hinübergeführt werden. Einen Grund dafür liefert besonders der nächste Abschnitt …

2. Man kann nicht nicht kommunizieren

Auch wer schweigt, kommuniziert

Es ist eine ganz banale Erkenntnis: Sie, ich, jeder Mensch kommuniziert immer und ständig. Menschen sprechen oder schweigen – beides ist eine kommunikative Leistung. Und unabhängig davon, ob Sie nun reden oder schweigen, Ihr Körper „spricht" gleichzeitig mit! Manchmal kann es sogar dazu kommen, dass Ihr Körper eine völlig andere „Geschichte" erzählt, als Sie gerade sprachlich von sich geben. So etwas kann sehr komisch wirken, häufig genug allerdings ist so ein Umstand eher demaskierend.

Auch ein Paar, das schweigt, kommuniziert miteinander, „sagt" sich etwas, obwohl es in dieser Situation „nichts sagt". Möglich sind Botschaften wie wohliges Vertrauen oder Schmollen bis hin zu abgrundtiefem Hass!

Interpretation

Noch ein Gedanke: Können Sie sich vorstellen, was geschähe, wenn nun beide begännen, das Schweigen des anderen zu interpretieren? Es könnten sich wundervolle Dramen und Katastrophen entwickeln!

Menschen ganz allgemein und Verkäufer insbesondere wollen aber mit ihrer kommunikativen Leistung etwas erreichen, sie verfolgen ein Ziel. Nun wäre es wirklich schlimm, wenn nicht beabsichtigte Wirkungen eintreten bzw. niemand weiß, wieso es zu der eingetretenen Wirkung gekommen ist. Wir müssen daher weg von den Zufallsergebnissen und hin zum gezielten Verhalten!

1 Man kann nicht nicht kommunizieren

Wenn Sie sich beim Lesen dieses Buches fragen, wann und durch wen Ihnen die Art der Einflussnahme im Umgang mit Menschen vermittelt wurde, werden Sie feststellen, dass Ihnen hierauf vielleicht keine Antwort einfällt! Man hat Ihnen tatsächlich alles mitgegeben, um erfolgreich in Ihrem Beruf zu „arbeiten", man hat Ihnen aber rein gar nichts vermittelt, um in Ihrem Beruf zu „wirken"!

Arbeiten heißt Wirken!

Haben Sie auch, wie so viele, über mühsames Ausprobieren die Überzeugungsarbeit bei Menschen gelernt? Finden Sie, dass das eine sehr wirtschaftliche Form ist? Dieses Buch wird Ihnen Lösungen anbieten, um noch erfolgreicher als bisher mit anderen Menschen zu kommunizieren.

Häufig hört man folgende Erklärung: „Der eine kann mit den Leuten, der andere nicht!" Achtung! Dieser Satz ist absolut wahr! Es stecken allerdings zwei (!) gleichgewichtige Aussagen in diesem Satz:

1. Der eine KANN mit den Menschen!
2. Der andere KANN nicht!

In beiden Aussagen wird von einem jeweiligen „Können" gesprochen. Es ist tatsächlich so, dass man entweder den richtigen oder aber den falschen Umgang mit Menschen beherrscht! Beide Formen des „Könnens" müssen erst erlernt werden. Ja, es stimmt, man muss regelrecht lernen und erfahren, wie man erfolglos und falsch kommuniziert!

Soziale Kompetenz

Es gibt noch einen kleinen hinterhältigen Satz, der als Entschuldigung für Fehlverhalten ideal geeignet ist: „Ich bin halt so! I' red' halt so, wie mir der Schnabel g'wachsen is!" Damit soll nur von der Notwendigkeit der Verhaltensänderung abgelenkt werden!

Die Fähigkeit zur erfolgreichen Kommunikation ist jedoch kein Geschenk der Götter, ist kein Wunder der Natur, ist keine Bevorzugung durch Erbmasse oder Witterungseinflüsse bei der Zeugung –

Kommunikation ist lernbar

1 Die Idee von „Verkaufen ist wie Liebe"

die Fähigkeit zur erfolgreichen Kommunikation ist das Beherrschen der richtigen Strategie und deshalb auch für jeden erlernbar!

Dann stimmt übrigens auch der zweite Satz: die Fähigkeit zur erfolglosen Kommunikation ist keine Strafe der Götter, keine Laune der Natur, nicht auf böse Eltern, Lehrer, Pfarrer und die berühmten Umstände zurückzuführen, sondern hat ihre Wurzel in einer anderen, wohl falschen Strategie, die natürlich zunächst gelernt werden muss!

Erfolgreich kommunizieren

Ein ganz praktisches Beispiel wird Ihnen helfen, den Zusammenhang zwischen Kommunikation und Strategie zu verstehen:

Wenn Sie mir ein Fax senden wollen, dann müssen Sie folgende Nummer wählen: 0 83 04-50 40. Wählen Sie genau diese Nummer, dann kommt Ihre Nachricht auch bei Hans-Uwe L. Köhler an. Wenn das also Ihre Absicht war, dann haben Sie die Grundvoraussetzung jeder erfolgreichen Kommunikation geschaffen, Sie haben eine richtige Verbindung hergestellt.

Ganz anders entwickelt sich übrigens die Geschichte, wenn Sie statt der Endnummer 0 jetzt eine 1 wählen. Diese neue Telefon-Nummer lautet dann 0 83 04-50 41 – und wird Ihr Fax jetzt an einen anderen Empfänger senden – nur nicht an das Büro von Hans-Uwe L. Köhler, was ja wohl Ihre ursprüngliche Absicht war!

Nah dran ist auch vorbei

Jetzt stellen Sie sich das einmal vor: von 9 Zahlen haben Sie 8 richtige Zahlen in der richtigen Reihenfolge gewählt und sind dann beim falschen Partner gelandet! Viele Menschen sagen zu so einem Ergebnis: „So schlecht war das doch gar nicht!" Wahrscheinlich bekommt man sogar in der Schule auf so ein Ergebnis noch eine Zwei – war ja fast richtig!

„Fast richtig" kostet Geld

Der Wahnsinn dieser Geschichte wird dann deutlich, wenn Sie sich vorstellen, Sie würden die erste Zahl zweimal wählen – nämlich 008 – dann ginge Ihre Faxsendung in den asiatischen Raum und das würde schnell sehr teuer werden!

1 Man kann nicht nicht kommunizieren

Es wird Sie wahrscheinlich nicht überraschen, dass alle Menschen akzeptieren: wer telefonieren will, muss die richtigen Zahlen in der richtigen Reihenfolge wählen! Und jeder Mensch weiß und akzeptiert, dass ein einziger kleiner Fehler zu einer Fehlverbindung führt.

Doch ganz anders scheint es sich zu verhalten, wenn es um die verbale Art der Kommunikation geht. Da wird wild drauflosgesprochen oder aneinander vorbei geredet, der andere wird einfach mit einem ungebremsten Redeschwall eingedeckt. Kurz und gut: Jeder sendet, was das Zeug hält! Frei nach dem Motto: „Etwas von dem, was ich sende, wird schon ankommen!", und für den Fall, dass dies nicht eintritt, wird entweder die Sendeleistung erhöht (Eine erfolglose Maßnahme wird keineswegs besser, wenn man sie nur häufig genug wiederholt!), oder der Empfänger wird für unfähig erklärt.

Das Telefaxbeispiel führt ein Phänomen deutlich vor Augen: Wenn Sie in der Kommunikation auch nur einen einzigen Fehler machen, kommt es sofort zu einer Störung und häufig genug zur Unterbrechung der Verbindung! Jetzt wird Ihnen wahrscheinlich auch klar, wie viel Zeit und Mühe von den meisten Menschen sinnlos investiert werden muss, weil Sie ständig Fehlverbindungen, Unterbrechungen und Störungen verursachen.

Kommunikationsstörung – ein Fehler genügt

Wenn Ihnen also der Gedanke durch den Kopf huscht: „Die verstehen mich nicht!", dann überprüfen Sie bitte zunächst einmal Ihre Sendefähigkeit, denn vielleicht sind Sie es ja, der seine Kommunikationsstrategie überprüfen muss.

Wenn Sie beobachten, dass Kunden Ihren Rat nicht annehmen, dann ist es zwar verständlich, wenn Sie denken (und sei es nur heimlich!): „Mein Gott, sind Kunden manchmal schwer von Begriff!", aber allzu oft liegt die wirkliche Ursache der Ablehnung darin, dass Sie schlicht und einfach die falsche Kommunikationsstrategie angewendet haben. Doch das können Sie ändern!

Die falsche Strategie?

1   *Die Idee von „Verkaufen ist wie Liebe"*

In nachvollziehbaren Schritten werden Sie in die Beherrschung der erfolgreichen Kommunikation eingeführt: Sie werden erfahren, wie Sie ein Gespräch aufbauen, wie Sie Argumente erfolgreich präsentieren, welche wichtige Bedeutung das Zuhören hat, wie Sie für Ihre Leistungen einen fairen Preis bekommen werden und wie Sie mit den verständlichen Ängsten im Verkaufsgespräch ganz natürlich umgehen. Sie werden viel über Ihre Eigenmotivation erfahren und schließlich werden Sie entdecken, was das alles mit dem Begriff Liebe zu tun hat!

Sie werden in diesem Buch eine Fülle von Ideen finden, um als LoveSeller noch erfolgreicher zu kommunizieren! Dazu müssen noch einige Punkte geklärt werden, zum Beispiel die im nächsten Abschnitt behandelte Frage …

3. Ist Verkaufen wirklich so schwierig?

*„Nein":
Einwand oder
Vorwand?*

Stellen Sie sich bitte ein Verkaufsgespräch vor, bei dem Sie das gute Gefühl haben, wirklich alles berücksichtigt zu haben, was für Ihren Kunden wichtig ist, und nun kommt das Fiasko: Der Kunde sagt einfach: „Nein!"

Wie geht es Ihnen in so einem Augenblick? Ich behaupte – obwohl ich Sie nicht kenne – freuen werden Sie sich nicht!

Es ist doch wirklich zu dumm: Sie glauben, das Beste für Ihren Kunden gewollt zu haben, und der sagt einfach „Nein!"

Bitter ist das deswegen, weil „Verkaufen können" heißt, sich auf einen anderen Menschen einlassen zu wollen!

*Wirkliches
„Nein" – ein
persönlicher
Angriff?*

Tatsächlich wird von vielen Verkäufern das Nein des Kunden als persönliche Ablehnung empfunden! Man denkt in dem Augenblick nicht über die Frage nach: Was habe ich falsch gemacht? Welcher Punkt war für den Kunden negativ oder unwichtig?

1 Ist Verkaufen wirklich so schwierig?

So mancher Verkäufer neigt dazu, die Ablehnung der Verkaufsidee als persönliche Ablehnung zu registrieren. Doch wenn sich die „Neins" im Laufe der Zeit zu einem riesigen Berg addieren, dann kommt es unweigerlich zu einer insgesamt negativen Einstellung bei diesem Verkäufer!

Sie erinnern sich: Am Beginn dieses Buches hatte ich Ihnen einige Gedanken zum Thema Können und Nicht-Können vorgestellt. Und ganz bewusst möchte ich noch einmal die Bemerkungen zum Thema „Begeisterter Verkäufer" aufgreifen und vertiefen:

Es gibt Menschen, die fühlen sich in einer ganz bestimmten Situation in ihrem Beruf nicht wirklich wohl. Glauben Sie, dass z. B. Ingenieure, Anwälte, Ärzte, Flugkapitäne, Chemiker, Lehrer, Polizisten, Stadtangestellte oder Finanzbeamte gerne von sich behaupten würden, sie seien auch Verkäufer? Bestimmt nicht!

Muss jeder verkaufen können?

Aber haben nicht alle diese Menschen Ideen, um die sie gerne werben? Jeder der vorgenannten Berufsinhaber hat doch ständig, täglich Umgang mit Menschen, mit Mitarbeitern und vor allem: Umgang mit Kunden. Doch die meisten Menschen tun so, als wenn Sie ohne Kunden leben würden. Doch: Niemand kann ohne Kunden leben! Wir leben alle von, mit und durch unsere Kunden!

Ohne Kunden kein Geschäft

Eines der extremsten Beispiele für Berufsverständnis und gleichzeitige Ablehnung des Verkaufens sind Ärzte! Wussten Sie, dass kein praktischer Arzt, kein Zahnarzt an einer deutschen Universität im Umgang mit Menschen ausgebildet wird? Diese Mitmenschen lernen wirklich alles, um ihren Beruf sehr gut ausüben zu können, sie lernen aber rein gar nichts, um in ihrem Beruf auch kommunizieren zu können.

Müssen denn Ärzte wirklich verkaufen können? Wenn Sie diese Frage einem Arzt stellen, dann können Sie sehen, welch unangenehme Gefühle allein der Gedanke an diesen Vorgang auslöst.

1 Die Idee von „Verkaufen ist wie Liebe"

Beispiel Arzt

An einem typischen Beispiel soll die Notwendigkeit des Verkaufens deutlich gemacht werden:

- Ein Arzt macht sich ein Bild von einem erkrankten Patienten, forscht dabei nach Ursachen, kommt zu einem Ergebnis, entscheidet sich für eine angemessene Heilungsmaßnahme und verordnet u. a. ein geeignetes Medikament. Er schreibt ein Rezept aus und erklärt in kurzen Worten, wann und wie oft dieses Mittel einzunehmen sei.

- Der Patient liest sich zu Hause den Beipackzettel durch. Bei der Beschreibung möglicher Nebenwirkungen bekommt er einen Riesenschreck angesichts der möglichen Folgebeschwerden, und er entschließt sich, dieses Medikament nur bis zu ersten Anzeichen der Besserung zu nehmen! Das bedeutet doch, dass der Patient gegen das ärztliche Konzept verstößt, was unter Umständen dazu führen kann, dass die Heilung gar nicht oder verspätet einsetzt oder dass die Kosten unnötig steigen, denn es müssen vielleicht weitere Arzneien eingenommen werden.

- Kurz und gut: weil der Arzt nicht wirklich um seine Konzeption geworben, den Beipackzettel nicht erläutert und die möglichen Ängste vor Nebenwirkungen nicht besprochen hat, kommt es zu diesen tagtäglichen Fehlentwicklungen. Wussten Sie, dass das ärztliche Honorarwesen für diese zeitintensive Gesprächsführung keine wirklich wirtschaftlich interessante Honorarposition hat? Wussten Sie, dass Patienten mit vier Fragen zum Arzt gehen, jedoch nur mit einer Antwort die Praxis verlassen? Aber niemanden scheint das wirklich aufzuregen. Allenfalls werden Patienten öffentlich beschimpft, weil sie zu viele Medikamente verbrauchen!

Kundenbindung

Zuhören und Reden sind Fähigkeiten, die zur Bindung führen. Und Patientenbindung ist ein wirtschaftlich notwendiges Überlebenskonzept für eine Praxis. Vor diesem Hintergrund müssen Ärzte tatsächlich verkaufen können.

1 Ist Verkaufen wirklich so schwierig?

Nun könnte man ja zur Tagesordnung übergehen und sagen: „Nun gut, wenn Ärzte nicht verkaufen können, wollen oder dürfen – so schlimm wird das schon nicht sein!" Einverstanden.

Aber es kommt tatsächlich noch viel schlimmer! Wenn man einmal von dem speziellen Fall der Ärzte absieht, dann gibt es doch tatsächlich genügend Menschen, die zwar irgendwie im Verkauf tätig sind, aber von sich ganz offen behaupten: „Ich kann nicht verkaufen!" Und noch schlimmer wird es, wenn dann behauptet wird, Verkaufen könne man nicht lernen!

Falsche Selbsteinschätzung

Fragt man auf der anderen Seite Kunden, wie sie sich als Kunden fühlen, dann fällt die Antwort häufig vernichtend aus: Viel zu viele Menschen berichten, dass sie sich als Kunden nicht gut behandelt fühlen!

Offensichtlich besteht folgende paradoxe Situation:

Ist-Zustand im Verkauf

- Alle Menschen möchten in ihrer jeweiligen Rolle als Kunde ernst genommen werden, wünschen eine der Situation angebrachte Behandlung, hoffen auf ein freundliches Lächeln.
- Wir sind fast alle in irgendeiner Situation als Verkäufer tätig.
- Nur wenige Verkäufer haben eine verkaufspsychologische Ausbildung!
- In allzu vielen Bereichen unseres Lebens treffen wir auf wenig motivierte Leute.
- Die Unfreundlichkeit der deutschen Verkäufer wird allseits beklagt!

Sie sind jetzt eingeladen, eine Idee kennen zu lernen, die ein ideales Kommunikationsmodell für alle Verkäufer repräsentiert. Auf der nächsten Seite geht es los! Und nun halten Sie sich fest …

www.metropolitan.de

Die Idee von „Verkaufen ist wie Liebe"

4. Gefunden: ein perfektes Kommunikationsmodell

Lassen Sie mich mit einer Frage beginnen: Waren Sie schon einmal verliebt? Allen Ernstes, waren Sie schon einmal, oder vielleicht sogar schon mehrmals, verliebt? Wenn ja, dann sind Sie in jedem Fall Zeuge, dann werden Sie das folgende Bild bestätigen können!

Liebespaare kommunizieren mehr

Liebespaare zeigen folgendes Verhalten:

- Sie wollen einen anderen Menschen für ihre Liebe finden und begeistern!
- Sie sind bereit, sich zu verlieben!
- Sie bestätigen sich ständig ihre Liebe!
- Sie malen sich gemeinsam eine glückliche Zukunft aus!
- Sie halten diese Vision ständig aufrecht!
- Sie wollen ihren Partner immer wieder entdecken.
- Sie bereiten sich gegenseitig Freude – „Ich habe so an Dich gedacht!"

Ich behaupte, dass diese Art und Weise, wie Verliebte miteinander umgehen, eine große Parallelität zum Modell der Kunden-Verkäufer-Beziehung aufweist.

Kunde und Verkäufer – ein Liebespaar

Um es ganz unmissverständlich auszudrücken: Ich denke, so wie ein verliebtes Paar kommunikativ miteinander umgeht, so könnte auch ein Verkäufer mit seinem Kunden umgehen.

Liebe auf den ersten Blick

Zunächst: wie fängt eine Liebe eigentlich an? Es gibt verschiedene Möglichkeiten: Eine wäre zum Beispiel die berühmte „Liebe auf den ersten Blick"!

Das ist Ihnen vielleicht auch schon selber passiert: Da steht plötzlich ein anderer Mensch vor Ihnen und Sie denken unwillkürlich: „Der oder die ist es!"

Gefunden: ein perfektes Kommunikationsmodell   **1**

Vielleicht haben Sie dieses Gefühl auch schon einmal bei einem Einkaufsbummel erlebt. Man sieht eine Sache und entscheidet ganz spontan: Das will ich haben!

Das will ich haben!

Sich spontan in etwas zu verlieben, ist eine Erfahrung, die viele Menschen schon gemacht haben. Deshalb lassen Sie uns weiter schauen, welche Prinzipien des Verliebtseins mit den Prinzipien der Kunden-Verkäufer-Beziehung in Zusammenhang zu bringen sind.

Menschen wollen einen anderen Menschen für ihre Liebe finden und begeistern!

Stellen Sie sich bitte folgende Situation vor: eine junge Frau oder ein junger Mann wollen ausgehen. Zu diesem Zweck richten sich beide ein wenig her. Dieses „sich herrichten", „sich schön machen", kann dabei ganz unterschiedlich sein. Möglich wäre eine tolle Frisur mit einem eleganten Make-up und dazu passender Abendgarderobe, denkbar wäre auch ein entsprechendes Club-Outfit oder ein trendiges Parfüm, vielleicht auch nur schnell die Haare waschen, unter Umständen reicht gar das flüchtige Nachziehen der Lippenkontur. Doch was ich auch immer hier an Beispielen zusammentrage – es bleibt bei der einfachen Idee: sich schön zu machen, interessant zu sein, aus der Masse herauszustechen dient dem Zweck, von jemand anderem entdeckt zu werden!

Das Besondere entdecken

Damit man von Menschen auf Grund seines äußeren Erscheinungsbildes nicht gleich abgelehnt wird, ist es notwendig, andere Menschen für sich zu begeistern, denn die inneren Werte werden leider erst später sichtbar. Dieses Entzünden der Begeisterung ist wiederum die Voraussetzung für das „Sich-für-einen-anderen-begeistern-können"!

Begeisterung entfachen

Es kommt aber auch vor, dass jemand mit einer ausgesprochen schlechten Laune losgeht – nach dem Motto: Der Abend wird bestimmt ein Reinfall, aber ich will wenigstens dabei sein, wenn's so

1 Die Idee von „Verkaufen ist wie Liebe"

richtig schief geht. Und wenn ich schon schlechte Laune habe, dann sollen die anderen sich wenigstens auch nicht freuen dürfen.

Natürlich gibt es auch diese Ausgangslage. Sie ist allerdings immer von einem kleinen Funken Hoffnung getragen. Der Hoffnung, dass es vielleicht doch ein interessanter Abend wird. Geht diese Hoffnung verloren, bleibt ein solcher Mensch tatsächlich zu Hause. Und irgendwann für immer.

„Ausgehen" lässt sich gleichsetzen mit: „Aus-sich-herausgehen". Dann macht das Ganze Sinn. Denn das „Aus-sich-herausgehen" ist die Voraussetzung für den nächsten Schritt, den Verliebte gehen müssen:

Verliebte sind prinzipiell bereit, sich zu verlieben!

Offen und bereit

Zunächst der aussichtslose Fall: es treffen sich zwei Menschen, die beide nicht bereit sind, sich heute zu verlieben, und schon gar nicht in das jeweilige Gegenüber. In diesem Fall lassen Sie uns davon ausgehen: Keine Chance!

Anders sieht es aus, wenn diese Bereitschaft da ist, wenigstens bei einem von beiden, und sei sie noch so klein. Die Größe einer Flamme sagt dabei nichts über die Größe des späteren Feuers aus! Es kommt allein auf das Überspringen des Funken an!

Wie und warum auch immer, da verlieben sich zwei ineinander! Und weil das täglich viele tausendmal geschieht, reicht es für dieses Beispiel als Tatsachenbeweis aus – einverstanden?

Kaum hat sich so ein Liebespaar gefunden, beginnt ein ganz besonderes Ritual.

Verliebte bestätigen sich ständig ihre Liebe!

Gegenseitige Bestätigung – immer wieder

Nun ist es keineswegs damit getan, dass man sich diese aufregende Botschaft ein einziges Mal mitteilt – und damit hat es sich. Nein: Immer wieder muss diese Botschaft ausgesprochen werden.

Gefunden: ein perfektes Kommunikationsmodell 1

Frisch verliebt zu sein reicht nicht als Gewissheit. Immer wieder sagen sich Verliebte, dass sie auch tatsächlich verliebt sind, und zwar genau in das jeweilige Gegenüber!

Und hier gibt es eine ganze Palette von Variationen. Am häufigsten wohl das zärtliche Sich-zuflüstern, kleine Juchzer, Blumen, vom geklauten Rös'chen bis hin zum gigantischen Bouquet, Briefe, gleich bündelweise, und Faxe von der Rolle bis hin zu meterhohen Lettern an Betonwänden und Autobahnbrücken. Gerade das letzte Beispiel macht deutlich, dass Verliebte oft wirklich ein wenig durchgeknallt sind und auch Straftatbestände begehen, wenn es nur darum geht, dem anderen diese eine einzige Botschaft zu übermitteln!

Gesteigert wird das ganze Spiel auch durch die entsprechende Gegenfrage: „Liebst du mich?", manchmal mit dem Nachsatz – „auch wirklich?" Und kein verliebter Mensch würde auf diese Frage eher nüchtern antworten: „Das weißt du doch, das muss ich Dir doch nicht ständig sagen!"

Es ist wohl so, dass das Meinen und Denken hier nicht ausreicht. Es muss dem anderen mitgeteilt werden – egal wie. Denn diese Bestätigung ist die Basis für den nächsten Schritt:

Verliebte malen sich gemeinsam eine glückliche Zukunft aus!

Wenn zwei Menschen nun so glücklich ineinander verliebt sind, also mit-einander verliebt sind, dann ist der Wunsch doch nur allzu verständlich, dieses Glücksgefühl in die Zukunft zu transferieren.

Zukunftspläne

Das Motto lautet hierbei: Wenn wir jetzt gemeinsam glücklich sein können – dann können wir das auch zukünftig! – aber eben nur gemeinsam! Das ist der entscheidende Punkt. Um den anderen nicht zu verlieren, muss dieser erkennen und akzeptieren, dass diese Zukunft möglich, machbar und erreichbar ist, aber nur gemeinsam.

Oder könnten Sie sich das folgende Gespräch in einer lauen Maiennacht vorstellen: „Du Schatz – wenn ich daran denke, dass wir

Geteiltes Leid ist halbes Leid?

1 Die Idee von „Verkaufen ist wie Liebe"

wahrscheinlich keine Wohnung finden werden, dass du deine Arbeit eines Tages verlieren wirst, ich einen schweren Autounfall erleide, dass unsere Kinder in der Schule größte Probleme bekommen und wahrscheinlich Kontakt zur Rauschgiftszene bekommen, dass wir beide wahrscheinlich mehrfach fremdgehen, du dann irgendwann an Hautkrebs und ich viel zu früh an Lungenkrebs sterben werde, dann könnte man sich schon um seine Zukunft Sorgen machen. Weißt du was: ich glaube, wir sollten heiraten …!"

Eine Liebesbezeugung, frei nach dem Motto: Geteiltes Leid ist halbes Leid!

Tatsächlich ist es doch so, dass zwar alle diese Horrorvisionen eintreten können, vielleicht sogar alle auf ein einziges Paar konzentriert, dass niemand aber wirklich ernsthaft davon ausgeht, dass ihn selber nun auch nur eines der vorgenannten Ereignisse treffen könnte.

Alles wird gut! Verliebte gehen ausnahmslos von der positiven Wahrscheinlichkeit der Zukunft aus.

Völlig ungerechtfertigt macht man Liebespaaren den Vorwurf, sie würden alles durch die rosarote Brille sehen und sich vor lauter Glückseligkeit nur Illusionen machen!

Das sind keine Illusionen – sondern Visionen! Hier stellen sich zwei Menschen eine für sie wünschenswerte Zukunft vor. Und für die Kraft einer wachsenden Liebe ist das sogar sehr wichtig. Es geht um den nächsten Schritt:

Die Zukunftsvision muss ständig aufrechterhalten werden!

Ein Paar, dass sich keine Zukunft vorstellen, ausdenken, ausmalen oder vorfühlen kann, wird kein Paar mit Zukunft sein. Vielleicht reicht es zum Status quo – man zieht vielleicht sogar zusammen, dabei aber immer unter irgendeinem Vorbehalt; denn der Glaube an die Zukunft fehlt.

Gefunden: ein perfektes Kommunikationsmodell

Diese Vision muss von beiden entwickelt werden. Im Wechsel der Ideen, der Bilder und Gedanken festigt sich letztlich eine Vorstellung von einer erstrebenswerten Zukunft. Sie wird die Basis des Vertrauens sein, die gebraucht wird, wenn es schwirig wird und zu belastenden Lebensprüfungen kommt.

Visionen braucht der Mensch

Ein weiteres belebendes Element der Bindung ist der nächste Punkt:

Verliebte wollen ihren Partner immer wieder entdecken!

Dieser Schritt dient insbesondere der Vertiefung der Beziehung. Durch unendlich viele Gespräche versuchen beide, sich zu entdecken. Dabei kommt es zu ständig neuen Eröffnungen, was man liebt und hasst, welche Neigungen und Fähigkeiten in einem stecken, welche Träume der andere hat und welche Ängste vorhanden sind. Die Liste der „Offenbarungen" ist hier wahrscheinlich noch viel, viel länger.

Entdeckerfreuden

Typische Reaktionen in solchen Gesprächen sind: „Interessant!", „Ich auch!", „Das hätte ich nicht gedacht!", „So habe ich das noch nie gesehen!", „Das wusste ich gar nicht!", „Du kannst so toll formulieren!", „Mit Dir macht es Spaß, über solche Themen zu diskutieren!"

Selbstverständlich kommt es auch zur Entdeckungsreise über den Körper des anderen. Das Liebkosen und Lieben wird ebenfalls mit Entdeckungen quittiert. „Du hast da ein Grübchen!", „… und immer, wenn du lachst, dann wackelt Dein Bauch so süß …!"

Für einen Außenstehenden mögen solche Formulierungen eigenartig oder gar übertrieben klingen, doch für die beiden Verliebten sind sie völlig normal.

Genauso ist es in Ordnung, wenn er ihr im Stadtpark eine kleine Blume stiehlt (Jede Stadtgärtnerei möge mir verzeihen!). Denn dann geht es um den letzten Punkt dieser Metapher:

1 Die Idee von „Verkaufen ist wie Liebe"

**Verliebte bereiten sich gegenseitig Freude –
„Ich habe so an Dich gedacht!"**

Kleine Freuden

Freude bereiten heißt nicht unbedingt, Geschenke zu machen. Es ist auch mehr, als nur an den Geburtstag zu denken.

„Ich hab' an dich gedacht" kann ein unvermuteter Anruf sein, kann der Hinweis sein, dass man sich in diesem Augenblick genau 1 000 Stunden kennt, ein Tonkassette mit seltenen Songs, die der andere besonders gerne mag, ein Zeitungsartikel zu einem gemeinsamen Diskussionsthema oder zuckersüße Kirschen mitten im Winter!

Kleine Überraschungen machen glücklich!

Vielleicht sind Sie selber schon lange verheiratet. Und Ihnen schießt jetzt der Gedanke durch den Kopf: „Und was ist, wenn ich meiner Frau nach über zwanzig Jahren Ehe Blumen im Park stehle?"

Ich weiß nicht, was Ihre Frau dann sagen wird! Doch ich habe das Gefühl, dass sich viel mehr Eheleute wieder trauen sollten, durch originelle Ideen und Geschenke dem Partner zu zeigen, dass man an ihn gedacht hat. Und wenn es den ganzen Stadtpark kostet!

5. Woher weiß man, wie man liebt?

Was ist eigentlich „Liebe"?

Das ist eine wirklich spannende Frage: Woher weiß man eigentlich, dass man verliebt ist, und wie man sich verhält, wenn man verliebt ist? Haben Sie ein Buch gelesen, ein Seminar besucht, einen Trainer gefragt, um herauszufinden, wie man sich verliebt? Haben Ihnen Ihre Eltern erklärt, wie das mit der Liebe so ist?

Als mein Vater mit mir etwas „sehr Wichtiges" besprechen wollte, brachte er zwei Glas Cognac mit in mein Zimmer. Und als er dann erfuhr, dass ich das eigentlich schon wusste, was er mir jetzt zu erklären glaubte, trank er beide Gläser aus.

Erfahren habe ich durch ihn auch nicht, was es heißt, verliebt zu sein!

Woher weiß man, wie man liebt? 1

Trotzdem muss es ja eine Erklärung geben.

Verliebt zu sein, als sinnvolle Vorstufe der Liebe, ist die genetisch gesteuerte Verhaltensstruktur, um sich als Mensch fortzupflanzen. Das sehr komplizierte Auswahlmuster, mit dessen Hilfe sich Menschen finden und dann fortpflanzen, ist an die Stelle des Brunftverhaltens von Tieren getreten.

Verliebt, verlobt, verheiratet

Ich vermag nicht zu beurteilen, ob Tiere Spaß oder Lust empfinden, wenn Sie sich fortpflanzen. Dass das bei Menschen so ist, ist mir allerdings bekannt.

Das Grundmuster der Fortpflanzung, der Trieb, ist im Stammhirn untergebracht. Bei unserer Spezies kommt nun das Zwischenhirn hinzu. In ihm, dem limbischen System, sind alle Emotionen möglich. Hier entstehen Lust und manchmal auch Frust.

Liebe, Trieb und Leidenschaft

Was da genau abläuft, ist ausgesprochen spannend – wenn auch vielen Menschen völlig unbekannt. So gesehen ist es eigentlich kein Wunder, dass wir Menschen manchmal in einem gigantischen Durcheinander von Gefühlen gefangen sind, weil die meisten von uns keine Gebrauchsanweisung für Ihr Gehirn haben. Im Gegenteil: viele lernen den Umgang mit Ihrem Gehirn nur über das Modell „Versuch und Irrtum".

Versuch und Irrtum

Ein Irrtum wird endlich korrigiert!

In vielen Denk- und Erklärungsmodellen von menschlichem Verhalten wurde versucht, Intelligenz und Emotionen zu trennen. Vielleicht kennen Sie selber auch solche Sprüche aus dem alltäglichen Gebrauch: „Nun wollen wir aber schön vernünftig sein!" oder „Wir sollten die Emotionen aus dem Spiel lassen!" Was für eine absurde Aufforderung!

Intelligenz contra Emotion

Noch 1960 wurde in einem bedeutenden Fachbuch über Intelligenztests die Soziale Intelligenz zu einem „nutzlosen" Konzept abgeurteilt. Doch in der Zwischenzeit hat man erkannt, dass die alten IQ-Vorstellungen lediglich einen schmalen Streifen mensch-

1 Die Idee von „Verkaufen ist wie Liebe"

licher Fähigkeiten für Sprache und Mathematik abdecken. Und vielleicht ist es sogar so, dass ein gutes Abschneiden in einem IQ-Test nur darüber Auskunft gibt, wie erfolgreich man als Schüler oder Lehrer wird. Doch der IQ-Test sagt nichts über die späteren Erfolgschancen eines Menschen aus.

Mokka Müller schreibt in ihrem Buch „Das vierte Feld": „Um als intelligent zu gelten, genügte es lange Zeit, rational denken zu können und möglichst alles, was nicht ins Konzept der Rationalität passte, wegzufiltern."

Vielfalt der Eigenschaften

Kreativität, Musikalität, Beziehungsfähigkeit, Flexibilität, Intuition, Genialität, interkulturelles Bewusstsein, Erfahrungsvielfalt, Einfühlsamkeit, paradoxes Denken, Imagination oder persönliche Integrität fielen und fallen noch immer bei vielen Intelligenztests durchs Raster.

Intelligenzformen

Howard Gardner unterscheidet sieben primäre Formen von Intelligenz:

- Verbale Intelligenz

    Hohe Sensibilität für Bedeutungen, sprachlicher Ausdruck und Improvisation, Geschichten erzählen können, Wortspiele treiben, Humor, Witz, Erklären, Unterrichten und Überzeugen können

- Visuell-räumliche Intelligenz

    Die Fähigkeit, Formen und Objekte wahrzunehmen, umzugestalten, zu modifizieren, Bilder zu entwerfen, imaginatives Denken, dreidimensionale Vorstellung und Neukombination

- Logisch-mathematische Intelligenz

    Die Fähigkeit, abstrakte Beziehungen zu erkennen, analytisch-wissenschaftlich zu denken, mit abstrakten Symbolen umzugehen, Erkennen von Zusammenhängen und Speichern von Informationen, die anderen vielleicht entgehen

Woher weiß man, wie man liebt? 1

- Körperlich-kinesthetische Intelligenz

  Gefühl für Körper-Geist-Verbindungen, um Probleme zu lösen oder Dinge und Leistungen zu entwickeln. Eine Intelligenz, die Tänzer, Schauspieler, Sportler, Chirurgen, Dramatiker und Heiler für ihren Erfolg benötigen. Erlaubt ein intuitives Gespür für die Wirkung von Einschnitten in Arbeitsprozesse.

- Musikalisch-rhythmische Intelligenz

  Die Fähigkeit, Tonhöhe, Klangfarbe, den Rhythmus wahrzunehmen sowie Sinn und Bedeutung darin zu erkennen. Wichtiger Intelligenzbereich, denn Musik kann unseren Bewusstseinszustand verändern, Stress reduzieren und Hirnfunktionen steigern.

- Interpersonelle Intelligenz

  Das bedeutet Verhandlungsgeschick und Vermittlungsfähigkeit. Die Fähigkeit, Stimmungen, Gefühle, Motivationen, Absichten und Charaktereigenschaften zu erkennen und zu unterscheiden. Verständnis dafür, wie andere interagieren, was sie motiviert und wie man mit ihnen umgehen muss.

- Intrapersonelle Intelligenz

  Öffnet den Zugang zu den eigenen Gefühlen, hilft, diese zu erkennen und zu unterscheiden. Sie schließt das Bewusstsein, die eigenen Fähigkeiten, Schwächen, Stärken, Denkmuster und Selbstkonzepte ebenso ein wie die Fähigkeit, Schwächen zu kompensieren und Stärken auszunutzen.

Insbesondere die Kombination von verbaler, körperlich-kinesthetischer, interpersoneller und intrapersoneller Intelligenz befähigt geradezu einen Menschen für den Beruf des Verkäufers!

Auf diesem Fundament, das Gardner und Lalovey entdeckt und beschrieben haben, baut Daniel Goleman mit seinem Buch „Emotionale Intelligenz" auf.

1 Die Idee von „Verkaufen ist wie Liebe"

6. Die fünf Bausteine der emotionalen Intelligenz

Die eigenen Emotionen kennen

Bedeutung von Gefühlen

Um das Leben erfolgreich zu gestalten, ist es notwendig, die Bedeutungen von Gefühlen wie Wut, Freude, Trauer oder Hass zu kennen. Achten Sie einmal auf unsere gemeinsame Sprache. Wenn Sie z. B. jemanden, der ein sehr ernstes Gesicht macht, fragen: „Wie geht's?", könnte eine mögliche Antwort sein: „Och, nich so doll." Diese Aussage lässt jedoch keinen Rückschluss auf ein spezielles Gefühl zu. Da ist von der Magenverstimmung über die fristlose Kündigung hin bis zum größten Liebeskummer alles drin.

Gefühle akzeptieren

Eine völlig andere Qualität hätte eine Antwort, wenn jemand auf Ihre Frage sagt: „Ich bin sehr traurig, weil ..." Jetzt wüsste man Bescheid, könnte den Ausdruck im Gesicht des anderen mit dem eigenen persönlichen Eindruck verarbeiten, die genannten Gefühle mit konkreten Situationen in Verbindung bringen – in einer solchen Situation ergibt sich ein viel besseres, genaueres Bild. Der Ausdruck von Emotionen setzt zumindest zwei Dinge voraus: die Fähigkeit, die eigenen Gefühle zu erkennen, also auch die Bereitschaft, diese anzuerkennen, und die Fähigkeit zu wissen, wie man damit umgeht. Für unser Leben ist es wichtig, Einsicht in die eigenen Gefühle zu haben. Fehlt diese, ist man den Gefühlen hilflos ausgeliefert.

Emotionen handhaben

Gefühle beherrschen will gelernt sein

Mit den eigenen Gefühlen richtig umzugehen, will gelernt sein. Wenn sich etwa ein kleines Mädchen vor Wut auf den Boden wirft, weil es vom Vater einen konkreten Wunsch nicht erfüllt bekommt, dann ist das für ein dreijähriges Kind in Ordnung – vielleicht für den Vater ein wenig anstrengend. Wenn sich allerdings dieses Mädchen mit 18 Jahren immer noch auf den Boden wirft, weil es nicht nach ihrer Nase geht, dann ist von Therapie die Rede!

Die fünf Bausteine der emotionalen Intelligenz — 1

Wie es um die Handhabung von Emotionen steht, erlebt man schnell, wenn ein Kompliment ausgesprochen wird. Eine Kollegin sagt zur anderen: „Das ist aber eine schicke Bluse!" Wie, glauben Sie, lautet die Antwort? Überlegen Sie einen Augenblick, erinnern Sie sich an eigene Erlebnisse. Meist hört man in einer solchen Situation: „Och, die war ganz billig, habe ich günstig gekauft!"

Warum haben Menschen solche Schwierigkeiten, ein Kompliment anzunehmen? Weshalb sagt in diesem Augenblick die Kollegin nicht: „Das ist schön, dass auch Ihnen diese Bluse so gefällt! Es ist ein wunderbarer Stoff, der sich toll anfühlt! Und soll ich Ihnen etwas gestehen – sie war richtig teuer, ein wirklich gutes Stück. Ich bin's mir einfach wert!" Ja, das ist wahre emotionale Intelligenz, sich über positive Gefühle auch freuen können!

Emotionen in die Tat umsetzen

Ursprünglich waren Emotionen sehr animalisch ausgerichtet. Sie waren Überlebenskonzepte, die mithalfen, blitzschnelle Entscheidungen zu treffen nach dem Motto: Lohnt sich ein Angriff, weil Beute zu machen ist, oder ist die Flucht ratsamer, da man sonst selber zur Beute wird?

Es ist der Chaos-Effekt in unserem Gehirn, der die Flucht auslöst – und damit unser Überleben sichert. Das war nützlich, als sich die Menschen in totaler Panik vor dem Säbelzahntiger in Sicherheit brachten. Da kann man schließlich nicht lange nachdenken!

Chaos-Effekt

Dieser Chaos-Effekt sorgt auch dafür, dass wir nicht vor unserer Haustür sitzen bleiben, sondern beginnen, die Welt zu entdecken – wir sind nämlich neugierig. Und dieser Entdeckungswunsch sorgt auch dafür, dass wir uns verlieben können!

Sogar heute noch beherrscht uns der Chaos-Effekt. Das folgende Beispiel zeigt Ihnen, wie gleichzeitig Flucht und Lähmung einen Menschen befallen können, weil er sich mit einem unangenehmen Gefühl konfrontiert sieht.

1 Die Idee von „Verkaufen ist wie Liebe"

Aufgeschoben ist nicht aufgehoben

Sie müssen ein unangenehmes Telefonat führen. Und was machen Sie? Ihnen fallen tausend Dinge ein, die noch ganz dringend vorher erledigt werden müssen! Nur ja nicht das erforderliche Telefonat! Wenn Sie Glück haben und endlich doch zum Telefon greifen, ist der andere Mensch nicht da! Doch mal ehrlich (außer uns beiden ist ja niemand in diesem Buch): Wie sind Ihnen die „Ausweichhandlungen" gelungen? Haben sie Spaß gemacht? Waren das Spitzenleistungen? Sehen Sie! Das ist bei mir auch so. Wenn ich vor einer Sache kneife, was ich selbstverständlich nie zugeben würde, dann gelingen mir die Ersatzhandlungen auch nicht so gut. Spitzenleistungen sind unter solchen Bedingungen einfach ausgeschlossen.

Wie macht man es richtig?

Verzögerte Belohnung – mehr Freude

Eine gute Möglichkeit, Dinge erfolgreich anzugehen, besteht darin, sich rechtzeitig vorzustellen, wie glücklich man sein wird, wenn diese Aufgaben gut erledigt wurden. Es gibt zu diesem Thema einen wundervollen Trick:

Lernen Sie, die Belohnung für eine erfolgreiche Sache hinauszuschieben.

Wer sich sofort mit kleinen emotionalen Erfolgen, also kleinen Freuden, zufrieden gibt, dem bleibt wahre Freude verborgen. Ein Beispiel: Für viele Künstler, Handwerker, Bastler und auch Sportler besteht ein wichtiger Teil ihres Wirkens im Erstreben von höchster Präzision. Natürlich sind viele Dinge schon viel früher fertig – aber nein, da wird noch einmal nachgearbeitet, korrigiert, verbessert und optimiert. Harmonisch ergänzen sich Disziplin, Faszination an der Aufgabe und das Hinausschieben des Glücksmomentes, manchmal sogar noch gepaart mit größter körperlicher Anstrengung. Dann kann es zu einem wundervollen Gesamtgefühl – dem Flow-Erlebnis – kommen.

Flow-Erlebnis

InLine-Skating ist eine Leidenschaft, die zum Flow-Erlebnis werden kann. So ist es mir geschehen. Wenn die Schrittfrequenz, die Atmung, der Herzschlag, die Schwingungen der Arme und des ge-

Die fünf Bausteine der emotionalen Intelligenz 1

samten Körpers sich mit dem Surren der acht Räder verbinden – dann, vielleicht erst nach 15 Kilometern Anstrengung, kommt es für einen Augenblick zum Flow-Erlebnis. Alles wird leicht, die Mühe fällt ab, keine Spur von Anstrengung oder Pein, nur noch das Gefühl: Köhler fliegt! Wer solch ein Gefühl einmal hatte, unternimmt eine Menge, um dieses wundervolle Gefühl wieder und immer wieder zu erspüren – und dann ist jede notwendige Anstrengung völlig akzeptabel!

Empathie

Prägen Sie sich dieses Wort ganz genau ein! Es ist das wichtigste Wort für Sie als Mensch und als Verkäufer! Empathie ist die Bereitschaft und Fähigkeit, sich in die Einstellung anderer Menschen einzufühlen – so sagt der Duden. Genau das ist die Einzigartigkeit, um die es im Verkauf und in der Liebe wirklich geht!

Einfühlungsvermögen

Bei kleinen Kindern kann man Empathie gut beobachten. Stellen Sie sich bitte folgende Situation vor: Sie sehen eine Gruppe von fünf Kindern, die alle dicke Krokodilstränen weinen. Auf die Frage „Weswegen weint ihr denn?" kommt die verblüffende Antwort, schluchzend vorgetragen: „Wegen Uli!" Das heißt im Klartext: Hier wird mitgeweint, weil Uli weint. Ein Gegenbeispiel macht das Verhalten noch deutlicher: dieselbe Gruppe tobt und kreischt und quiekt. Warum? Weil einer damit angefangen hat, und nun grölen alle mit! Kleine Kinder haben nicht die Möglichkeit, sich starken Gefühlen zu entziehen. Deshalb ist bei ihnen Empathie deutlicher und unverfälschter zu beobachten als bei Erwachsenen.

Kinder zeigen Gefühle

Vielleicht kennen Sie die folgenden persönlichen Erfahrungen:

- Das Telefon klingelt, Ihre Mutter ist am Apparat, und beim ersten Wort, das sie spricht, wissen Sie genau, was los ist.

- Sie betreten einen Besprechungsraum und spüren sofort, dass dicke Luft herrscht.

1   *Die Idee von „Verkaufen ist wie Liebe"*

- Sie spüren, fühlen, ahnen oder vermuten Gefühle und Zustände anderer, ohne das im Einzelfall begründen zu können – manchmal wirft man Ihnen vielleicht sogar vor, dass Sie das Gras wachsen und die Flöhe husten hören.

Stehen Sie zu Ihren Gefühlen

Wenn Sie in dem einen oder anderen Fall zustimmen konnten, heißt das nicht, dass Sie fantasieren! Es bedeutet nur, dass Sie über empathische Fähigkeiten verfügen. Wenn Sie jetzt auch noch erzählen, dass Sie im Kino so richtig schön weinen können, kann ich Ihnen nur sagen: Herzlichen Glückwunsch! Sie werden als Verkäufer, als Arzt, als Manager oder als Lehrer immer erfolgreich sein!

Umgang mit Beziehungen

Beziehungen pflegen

Gleich zu Beginn eine Klarstellung: es geht nicht um „Konnäktschens". Es geht nicht darum, ein Netz von Beziehungen aufzubauen, in denen gehandelt und geschachert wird und eine Hand die andere wäscht.

Umgang mit Beziehungen heißt: Umgang mit den Gefühlen anderer in einer gemeinsamen Beziehung. Es geht um die wahre soziale Meisterschaft.

Beziehungsfähigkeit und Soziale Kompetenz

Und so eigenartig das klingen mag, wer diese Stufe der Emotionalen Intelligenz erreichen will, muss lernen, eigene Gefühle zu bekennen! Nur dadurch erhalten Sie die Chance, von anderen „Soziale Kompetenz" zugestanden zu bekommen.

Mitarbeiter oder Kunden attestieren Ihnen als Verkäufer oder Führungskraft Ihre Soziale Kompetenz nur dann, wenn Sie sich selber zu der Tatsache bekennen, dass auch Sie über Gefühle verfügen, mit denen umzugehen Sie lernen müssen.

Das angemessene Umgehen mit den Gefühlen anderer ist ebenfalls Teil der emotionalen Intelligenz und damit Teil der sozialen Kompetenz.

Der Kunde – dein Liebespartner!

7. Der Kunde – dein Liebespartner!

Wer mit einem Liebespartner umgehen kann, der kann auch mit einem Kunden-Partner umgehen. Und warum das so ist, wird im folgenden Abschnitt erklärt.

> *Verliebte sind bereit, sich zu verlieben! – LoveSelling® fordert Sie auf, sich auf Ihre Kunden einzulassen.*

Wer einmal richtige Vollblutverkäufer beobachtet, der kann sich ihrer mitreißenden Wirkung nicht entziehen! Es ist eine Freude zu sehen, wie diese Top-Verkäuferinnen und Top-Verkäufer andere Menschen gewinnen können!

Kunden für sich gewinnen

Begeisterten Verkäufern fehlt jede Form von Halbherzigkeit, Unentschlossenheit oder gar Lustlosigkeit. Es ist noch nicht einmal gesagt, dass sie besonders geschliffen argumentieren müssen – keineswegs! Aber sie können verzaubern! Wie im richtigen Leben: Nicht jede von uns ist ein Dream-Girl! Nicht jeder ist ein Beau! Wer sich jedoch auf andere Menschen einlässt, der stößt die Tür zu ihnen auf!

> *Verliebte wollen einen anderen Menschen für ihre Liebe finden und begeistern! – LoveSelling® verlangt, dass Sie einen Kunden für ihre Ideen, Produkte oder Dienstleistungen finden und begeistern!*

Der Erfolg von LoveSelling® liegt, einfach ausgedrückt, in dem Phänomen: Positives Denken! Doch das ist zu wenig!

Es geht um eine spezielle Betrachtungsweise in zwei Richtungen. Die erste Richtung: Entdecken Sie Ihre Kunden!

www.metropolitan.de

1 Die Idee von „Verkaufen ist wie Liebe"

Menschen und Märkte entdecken

LoveSeller haben die Fähigkeit, Menschen und Märkte zu entdecken. Eine kleine Anekdote macht das Thema deutlich: Zwei Schuhverkäufer werden nach Afrika geschickt um den Markt zu erkunden. Am Abend senden beide ein Telegramm an die Schuhfabrik. Im ersten Telegramm steht: „Produktion sofort einstellen. Hier ist es nicht üblich Schuhe zu tragen. Komme zurück!" Der zweite Verkäufer telegrafiert: „Produktion sofort verdoppeln. Hier fehlen Schuhe an allen Ecken und Enden. Schickt sofort Verstärkung!"

LoveSeller warten nicht, bis der Kunde seinen Auftrag artig vorbeibringt! LoveSeller gehen auf eigene Faust los und finden ihre Kunden selbst!

Das ist „The center of success!": Sie müssen für diese Welt bereit sein! Sie müssen sie entdecken wollen – für Ihre Kunden.

Das Dümmste, was Sie tun können, wäre sich einfach hinzustellen und zu warten. So entstehen Mauerblümchen und es endet im Klagelied: Keine(r) mag mich. Dieses Denken ist grundfalsch, vielmehr gilt: Sie müssen die anderen mögen und wollen!

Marktschreier-Syndrom

Sich auf den Markt zu stellen und laut zu rufen: „Schaut, was ich Schönes habe!" endet mit „Meier's Würstchen sind die heißesten!" Schnell hat man dann das Image des Marktschreiers, vielleicht sogar des devoten „Sich-Anbieten-Wollen-Müssen". Das alles hat nichts mit LoveSelling® zu tun.

Jeder Kunde ist ein Super-Kunde

Es ist auch unsinnig, auf den Super-Kunden zu warten. Das wäre der Kunde, der sofort den Wert eines Produktes erkennt und über so viel Geld verfügt, dass er jeden Preis ohne zu murren zahlen wird. Solch ein Kunde ist mir noch nie über den Weg gelaufen. Ihnen etwa? Wer durch die Stadt geht, um die Prinzessin, den Prinzen zu finden, oder noch schlimmer, darauf wartet, dass Prinz oder Prinzessin bei ihm vorbeikommen, der muss hundert Jahre schlafen.

1 Der Kunde – dein Liebespartner!

Wer sich verlieben will, der entdeckt in jedem Menschen mindestens einen Grund, sich zu verlieben!

Geh durch die Stadt und entdecke, dass in jedem Jungen ein Prinz, in jedem Mädchen eine Prinzessin steckt. Und manchmal muss man Frösche an die Wand werfen, um die Prinzen zu befreien!

Befreien Sie Ihren Kunden! LoveSeller müssen die Kunden aus ihren engen Grenzen des Vorstellbaren herausholen, sie befreien, ihnen die Wege zum Glück aufzeigen. Und warum soll das mit Ihren Ideen, Produkten oder Dienstleistungen nicht möglich sein? Das ist doch genau der Punkt: Die meisten Verkäufer können sich gar nicht mehr vorstellen, dass sich jemand für ihre Ideen, Produkte oder Dienstleistungen begeistern kann! Und so stehen sie dann auch in ihren Geschäften oder auf Messen herum, kramen in ihren Musterkoffern, schreiben langweilige Angebote oder langweilen unentschlossen am Telefon.

Befreien Sie Ihre Kunden

Noch schlimmer ist, wie viele Leute Ihr eigenes Thema, Unternehmen oder Produkt von vornherein schlecht zu machen versuchen oder bewusst oder unbewusst negativ besetzen. Ein Redner sagt zum Beispiel: „Es tut mir leid, mein Thema ist so trocken …!" Ein anderer beantwortet die Frage, wo er beschäftigt sei, mit dem Hinweis: „Kannst du nicht kennen, kleine Firma …!" Weitergefragt: „Und was macht ihr da so?" „Du, schwierige Branche …" Man kann sich hier gut vorstellen, wie das weitergeht. Deshalb die zweite Richtung: Entdecke die Chancen deines Produkts!

Denken beeinflusst die Wirkung

Folgende Situation: In einem Unternehmen findet eine Vetriebstagung statt. Der Vertriebschef bittet den Entwicklungsleiter, das neue, lang ersehnte Produkt vorzustellen – es sei ja endlich fertig – alle wollten es sehen.

Was passiert? Kaum fällt die Hülle und alle nehmen das Wunderwerk in Augenschein, meldet sich der dienstälteste Verkäufer und sagt: „Super. Leider zu spät – eben wie immer!" Weitere Wortmeldungen folgen: „Sowieso zu groß, zu teuer, zu schwer, zu

Innovationsfreudig sein!

1 *Die Idee von „Verkaufen ist wie Liebe"*

weiß-der-Kuckuck-was!" Das bittere Ende – völlig verzweifelt packt der Entwicklungschef sein Traumobjekt wieder ein.

Natürlich geschieht das so nicht jeden Tag. Aber leider viel zu oft! Das Ende vom Lied: wirtschaftliche Depression! Im Ernst, was glauben Sie, wozu die Menschen eher neigen: in einer Sache, insbesondere einer neuen, sofort die positiven oder doch eher die negativen Elemente zu sehen? Ich befürchte, dass mehrheitlich das Negative ins Auge sticht. Und natürlich ist es so, dass an jeder Sache auf dieser Welt etwas zu verbessern ist. Aber macht es denn Sinn, erst das perfekte Produkt zu fordern und so lange nichts zu tun?

Die Chance erspüren

LoveSeller gehen hier ganz anders an die Dinge heran: sie versuchen sofort das Positive an einer Idee oder an einem Produkt zu entdecken. Sie sagen sich: Erst einmal schauen, was man daraus machen kann, was daran toll ist. Und zur Überraschung aller kann es ja sein, dass der Entwicklungschef völlig andere Dinge für wichtig hält als der spätere Kunde. Der LoveSeller bekommt so etwas heraus!

Es ist eine wesentliche verkäuferische Fähigkeit, sich selber zunächst in eine Idee oder ein Produkt zu verlieben, es wirklich zu mögen, sich für dieses Thema selber zu begeistern, um dann dafür Kunden zu finden, die sich auch dafür begeistern.

Nutzen Sie den Selbst-Check auf der folgenden Seite, antworten Sie ehrlich; dann erfahren Sie mehr über sich selbst.

Der Kunde – dein Liebespartner! 1

Selbst-Check

Damit das nicht alles graue Theorie bleibt, eine kleine Check-Liste zur Selbstüberprüfung. Schreiben Sie jetzt einmal auf, was wirklich in Ihnen steckt! Zeigen Sie Mut!

Das spricht für mich:

....

....

Meine besondere Stärke ist:

....

....

Auf diesem Gebiet bin ich wirklich Klasse:

....

....

Dafür kann ich mich begeistern:

....

....

In diesen Punkten kann ich mich sogar noch verbessern:

....

....

Das Beste an unserem Unternehmen ist:

....

....

1 Die Idee von „Verkaufen ist wie Liebe"

> *Verliebte bestätigen sich ständig gegenseitig ihre Liebe! –*
> *LoveSelling® bedeutet, Ihrem Kunden zu sagen, dass Sie ihn*
> *mögen!*

Kein Liebespaar hätte eine Zukunft, wenn es sich nicht immer wieder gegenseitig seine Liebe bestätigen würde. Wie ist das im Umgang mit Kunden?

Verkaufskiller

Es ist geradezu peinlich, die im Dezember oft massenhaft eintreffende Weihnachtspost zu lesen: „Wir bedanken uns für die angenehme und vertrauensvolle Zusammenarbeit!" Phrasen, hohle Worte, dazu noch schlecht gelogen! Jede Mahnung ist ehrlicher!

Freundlichkeit verbreiten

Können Sie sich Folgendes vorstellen: Sie sagen zu einem Kunden: „Es ist mir wichtig, dass Sie wissen: Wir alle arbeiten besonders gerne für Sie! Es ist uns eine Freude, von Ihnen einen Anruf oder einen Auftrag zu bekommen. Sie sind in unserem Unternehmen ein sehr geschätzter Kunde, und wir wissen, welche Bedeutung das für uns hat!" Und dabei schauen Sie Ihrem Kunden fest in die Augen!

Wenn Ihre Antwort auf dieses Beispiel: „Klar, das mache ich immer so!" ist, dann herzlichen Glückwunsch, liebe LoveSellerInnen.

Wenn Sie allerdings sagen: „Jetzt spinnt er, der Köhler!", dann wissen Sie, welches Arbeitspensum noch vor Ihnen liegt.

Damit es kein Missverständnis gibt: Sie erreichen nichts, wenn Sie einmal im Jahr einen salbungsvollen Spruch loslassen und glauben: „Das war mein Beitrag zum Thema Kundenbindung!" Sie werden doch auch nicht nur einmal im Jahr Ihrer Partnerin, Ihrem Partner „Guten Morgen, Schatz!" sagen in der Hoffnung oder gar Überzeugung: Das reicht!

Vermeiden Sie Routineaktionen

Es ist vielmehr die Beständigkeit aller Maßnahmen, die zählt. Was Sie auch immer unternehmen, erst durch die konsequente Einhaltung und Wiederholung einer Maßnahme kommt es zur ge-

Der Kunde – dein Liebespartner! 1

wünschten Wirkung. Achtung: Nichts ist in diesem Zusammenhang gefährlicher als dumpfe Routine.

Hier öffnet sich ein riesiges Feld an Wettbewerbsvorteilen für die LoveSeller: Einmal aufgeschlossen und herzlich zu sein, das bekommen viele hin. Es täglich zu schaffen, das ist die Kunst! Heute ist doch wieder so ein Tag: Haben Sie heute schon jedem Ihrer Kunden gesagt, wie sehr Sie ihn wirklich schätzen?

> *Verliebte malen sich gemeinsam eine glückliche Zukunft aus! – LoveSelling® nimmt den Kunden die Angst vor der Zukunft!*

Wann auch immer Sie mit oder für einen Kunden arbeiten, stellen Sie sich bitte immer vor, wie glücklich der Kunde in der Zukunft sein wird! Hier ein Beispiel zur Verdeutlichung:

Freuen Sie sich auf die Zukunft

Stellen Sie sich bitte vor, Sie wollen in einem Reisebüro eine Urlaubsreise buchen. Nun verleihe ich Ihnen hellseherische Fähigkeiten: Sie können jetzt Gedanken lesen! Während Sie mit Ihrem Verkäufer sprechen, können Sie auf einmal wahrnehmen, woran er denkt! Sie bekommen jetzt folgende Gedankenfetzen mit: „Na, hoffentlich geht der Flieger auch pünktlich … bei dieser verdammten Airline weiß das niemand … Hauptsache er fällt nicht runter … Junge, Junge, nicht dass dem jemand das Gepäck klaut … das Wetter sollte auch mitspielen, der letzte Hurrikan war vernichtend … hat's da eigentlich immer noch so viele Krokodile … hoffentlich schmeckt dem Kunden das Essen da … hoffentlich kann der Kunde sich diese Reise leisten … wieviel Provision kriege ich eigentlich, oder steckt der Chef alles ein?"

Glauben Sie im Ernst, dass Sie dort noch buchen würden? Natürlich nicht! Sagen Sie jetzt bitte nicht: zum Glück kann der Kunde ja gar nicht Gedanken lesen. Er kann! Tatsache ist: Ihr Kunde merkt, spürt und fühlt solche Gedanken! Das ist unvermeidlich. Wir senden alle zusätzlich zur verbalen Sprache ständig eine Mikro-Kör-

1   *Die Idee von „Verkaufen ist wie Liebe"*

persprache aus, die unsere Gedanken verrät. Die negativen ebenso wie die positiven.

Optimale Kundenbindung

Wenn das so ist, dann machen Sie sich doch gleich die richtigen Gedanken: Stellen Sie sich als Verkäufer in einem Reisebüro lieber vor, wie der Kunde mit Freuden abfliegt, gut landet und einen schnellen Hoteltransfer erlebt. Verkaufen Sie ihm ein Rat & Tat-Sicherheitspaket, freuen Sie sich mit ihm auf die exotischen Eindrücke und denken Sie lieber darüber nach, wie erholt und begeistert der Kunde zurückkehrt – und dann wieder bei Ihnen bucht!

> *Verliebte halten die Zukunftsvision ständig aufrecht! – LoveSelling® hält die Vision einer positiven Zukunft stets aufrecht und bietet Vertrauen, Zuverlässigkeit und Sicherheit.*

Zufriedene Kunden

Diese Maxime hat zwei ganz dramatische Konsequenzen. Zunächst wollen LoveSeller, dass es jedem ihrer Kunden in der Zukunft gut geht. Ein einfacher Ansatz kann daher lauten: Sorge dafür, dass es deinem Kunden gut geht, und es wird Dir gut gehen!

Wenn Sie Ihrem Kunden eine neue Frisur empfehlen, dann nicht, um einen Schnitt zu verkaufen, sondern damit er durch sein besseres Aussehen mehr Erfolg haben wird. Sie verkaufen ein Auto nicht wegen der Provision, sondern weil Sie Ihrem Kunden, einem jungen Familienvater, einen besseren Schutz durch den Airbag bieten wollen. Sie verkaufen Ihrem Geschäftspartner eine Rationalisierungsidee, nicht um die eigenen Anlagen auszulasten, sondern um seine Karriere- oder Marketingpläne zu unterstützen.

Kein Gerede mehr von Partnerschaft und Problemlösung. Die Handlungskonzepte im LoveSelling® reichen in die Zukunft hinein.

Gerade diese beiden Begriffe Partnerschaft und Problemlösung werden zu oft und überflüssigerweise strapaziert.

1 Der Kunde – dein Liebespartner!

Partnerschaft wird nicht beschworen, sondern gelebt. Und aus der reinen Problemlösung wird die kooperative Chancengestaltung.

> *Verliebte entdecken stets Neues an ihrem Partner. – LoveSelling® verlangt, immer wieder Interessantes in der Beziehung zu Ihrem Kunden zu entdecken.*

Es geht nicht darum, plumpe Komplimente zu machen. Es wäre fatal, nur um einen Gesprächseinstieg zu finden, in einem staubigen Kundenbüro zu sagen: „Oh, Sie haben ja wirklich ein schönes Büro!", wenn dann der Kunde antwortet: „Ach ja, finden Sie? Morgen kommt jedenfalls der Maler!"

Nur ernstgemeinte Komplimente

Natürlich können Sie sich immer wieder fragen: „Was ist an meinem Kunden besonders interessant?" Viel ertragreicher ist jedoch die Fragestellung: „Was ist an der Beziehung zu meinem Kunden besonders interessant?" Was könnten Sie von Ihrem Kunden lernen? Wo hatte Ihre Beziehung einen Nutzen, der über die reine Rechnung hinausging?

> *Verliebte bereiten sich gegenseitig Freude – „Ich habe so an Dich gedacht!" – LoveSelling® heißt, bereiten Sie Ihrem Kunden Freude, auch noch weit nach dem Abschluss!*

In Japan sagt man: „Verkaufen beginnt dann, wenn der Kunde die Rechnung bezahlt hat!" Kann man das Modell einer Kunden-Verkäufer-Beziehung besser beschreiben?

Nach dem Verkauf beginnt das Geschäft

Was bleibt beim Kunden für ein Gefühl, wenn er nach der Rechnung nichts mehr vom Lieferanten hört? Weshalb erkundigt sich kein Arzt Wochen nach der Heilung über das Befinden seines Patienten?

LoveSelling® nutzt das Modell des Liebespaares als Vorbild und zum besseren Verständnis für das Erkennen der verkäuferischen

1 *Die Idee von „Verkaufen ist wie Liebe"*

Arbeit. Dieses Modell kann Richtschnur sein, um sich immer wieder in den verschiedenen Phasen des Verkaufsgespräches zurechtzufinden.

Vielleicht wäre es gut, jetzt eine kleine Pause zum Nachdenken einzulegen. Im nächsten Kapitel werden Sie die hohe Schule der Einflussnahme kennenlernen.

Die Kunst, Ihre Kunden zu motivieren

2

Kundenmotivation

1. Wie funktioniert eigentlich ein Flirt? 46
2. Kundenflirt im Kaufhaus 49
3. Der Bauch entscheidet 52
4. Motivieren Sie Ihre Kunden 54
5. Schenken Sie Ihrem Kunden starke Gefühlserlebnisse 70
6. Die Achterbahn der Gefühle 77
7. Tabu: Sprachliche Ego-Trips 78
8. Schau mir in die Augen, Kleines! . 86
9. Wie Sie sehen, dass jemand hört . 93
10. Die Sogkraft des Lobes 97
11. Fahrplan für ein erfolgreiches Gespräch 100
12. Was du nicht sagst 105

1. Wie funktioniert eigentlich ein Flirt?

Flirten macht erfolgreich

Eines der spannendsten menschlichen Verhaltensgebiete ist der Flirt. Jeder Mensch wird in seinem Leben immer wieder in einen Flirt verwickelt – entweder als Sender oder als Empfänger von Flirtsignalen. Obwohl auch Sie Erfahrungen mit dem Flirten gemacht haben, werden Sie vielleicht nicht in der Lage sein, die Funktionsweise eines Flirts eindeutig zu erklären. Eines der wichtigsten Werke, die das Phänomen des Flirts vermitteln, ist „Signale der Liebe" von Karl Grammer.

Jeder Flirt muss zu einem Ergebnis führen: entweder wird die Aktion abgebrochen – dabei muss gewährleistet sein, dass der Abbruch auch richtig war, weil sich das Werbeverhalten nicht lohnen würde – oder die Werbung führt in eine engere Beziehung.

Grundsätzliches Präsentieren

Flirtrituale

Frauen oder Männer machen zunächst auf sich aufmerksam. Diese Phase richtet sich noch nicht auf eine konkrete Person, sondern gilt ganz allgemein. Nimmt dann jemand dieses Werbeverhalten wahr, kommt es sofort zu einer Entscheidung. Soll die oder der Wahrnehmende das Signal auch beachten dürfen oder nicht? Nimmt das falsche Gegenüber die Signale auf, kommt es sofort zum Abbruch.

Erste Aufforderung

Die Aufforderung, den Flirt fortzusetzen, wird von der Frau gemacht. Sie entscheidet, ob ein Mann mit ihr in Kontakt treten kann.

Blickkontakt

Ein erster Blick wird der Gesamtsituation geschenkt und bleibt nirgends wirklich stehen. Dann folgt ein kurzer, direkter Blick der Frau mit sofortiger Abwendung. Für den gesamten Vorgang werden keine drei Sekunden gebraucht.

Wie funktioniert eigentlich ein Flirt? 2

Zu den weiteren Aufforderungssignalen zählen der direkte Blickkontakt, das Aufheben der Augenbrauen, das ruckartige Legen des Kopfes in den Nacken und der schnelle, kämmende Griff der Hand durch die Haare. Korrekturen an der Kleidung gehören in dieser Phase ebenso dazu wie das Zeigen der offenen Handflächen. Ein besonders starkes Signal ist das Präsentieren des Kopfes durch Wegdrehen um etwa 45°, bei dem dem Betrachter die offene Halsseite zugewandt wird.

Alle diese Signale sind häufig in scheinbar völlig andere Kommunikationsabläufe verpackt. Vielleicht ist die Frisur wirklich nicht in Ordnung, das Zurückwerfen des Kopfes hat was mit einem Spaß einer ganz anderen Person zu tun, und womöglich lag tatsächlich ein Krümel auf dem Rock, der entfernt werden musste.

Deutliche Signale

Wer beginnt den Flirt?

Da Frauen offensichtlich ein geringeres Interesse an Männern haben als umgekehrt, hängt es letztlich vom Interesse der Frau ab, ob es zum Flirt kommt. Und tatsächlich ist es so, dass derjenige mit dem geringeren Interesse den Flirt beginnen muss, damit es zu einem erfolgreichen Resultat kommt! Fatal ist, dass später die Frau behaupten wird, sie hätte mit dem Flirt niemals angefangen.

Das erste Lächeln

Wenn die kritischen Augenblicke vorüber sind, also nicht mehr als 30 Sekunden, kommt es zum ersten Lächeln. Lächeln in Verbindung mit einem direkten Blickkontakt ist ein wichtiger Flirt-Schritt. Wenn gleichzeitig noch alle Handlungen „verpackt" bleiben, also weiterhin ungeklärt bleibt, ob ein Signal, z. B. ein Blickkontakt, zufällig oder absichtlich erfolgte, wird der Flirt sich weiterentwickeln können.

Annäherungen

2 Die Kunst, Ihre Kunden zu motivieren

Das erste Wort

Wenn über nicht-sprachliche Signale dem Fortgang des Flirts eine klare Aufforderung zu Grunde liegt, kommt es natürlich zu dem ersten gesprochenen Wort. Hier lassen sich zwei ganz unterschiedliche Formen der Annäherung beobachten: Annäherung durch Aufbau eines gemeinsamen Bezugssystems oder Annäherung durch Selbstdarstellung.

Flirtverhalten

Es wird Sie vielleicht nicht überraschen, aber Frauen bevorzugen die Annäherung über Gemeinsamkeiten, während Männer mehrheitlich die Annäherung über ihre Selbstdarstellung betreiben. So gesehen, sind Männer nicht sehr klug, was diesen Teil der Strategie betrifft.

Wer eröffnet denn nun das Gespräch? Aus Untersuchungen ist bekannt, dass Männer das Gespräch in einem Flirt dann als erste eröffnen, wenn das Risiko, abgewiesen zu werden, von ihnen als relativ gering eingeschätzt wurde. Frauen beginnen in einem Flirt dann als erste das Gespräch, wenn ihre Flirtbereitschaft groß ist.

Das optimale Gespräch

Ein Wort gibt das andere

Sarkasmus, Zynismus und spitzfindiger Humor sind schlechte Erfolgsgaranten im Flirt. Der beste Ansatz ist die Übernahme des Standpunktes des Flirtpartners. Es kommt nicht so sehr auf den Inhalt an. Es macht jedoch keinen Sinn, sich kontrovers in der Phase des Flirts zu unterhalten. Die einfachste und erfolgversprechendste Form ist ein unverbindliches und zurückhaltendes Gespräch über die augenblickliche Situation, in der sich beide befinden.

Es geht mit dem Flirt natürlich noch weiter. Trotzdem müssen wir dieses wundervolle Thema verlassen. Im nächsten Abschnitt werden Sie entdecken, was der Flirt für eine Bedeutung im Verkaufsgespräch hat.

2. Kundenflirt im Kaufhaus

Keine Angst, Sie müssen nicht mit jedem Kunden einen heißen Flirt starten!

Eine typische Situation: ein Kunde betritt ein Geschäft, schaut sich zögernd um und geht langsam, vorsichtig auf die Auslagen zu. Ein Verkäufer nähert sich dem Kunden und fragt: „Haben Sie einen Wunsch? Kann ich Ihnen helfen?" Überraschende Antwort: „Nein, Nein! Vielen Dank! Ich wollte mich nur einmal umschauen!"

Typisches Kundenverhalten

Natürlich ist es möglich, dass sich jemand wirklich nur „umschauen" will. Doch aus welchem Grund? Vielleicht regnet es draußen, dann will sich dieser Mensch unterstellen, weshalb sagt er das nicht? Vielleicht ist aber die Antwort: „Ich will mich nur mal umschauen!" die Reaktion auf den Verkäufer. Also müsste der Verkäufer seine Ansprache ändern. Aber der Verkäufer will doch nur seine Arbeit gut machen und bietet sogar Hilfe an: „Kann ich Ihnen helfen?" Das ist wirklich nett.

Überträgt man das Grundmuster des Flirts auf die Verkaufssituation, bekommt man ein gutes Ablaufmodell für das Kundenverhalten.

Grundsätzliches Präsentieren

Das Kaufhaus und sein Verkäufer übernehmen zunächst die Aufgabe, ein ganz offenes Angebot zu machen. Dieses Angebot richtet sich keineswegs an einen konkreten Menschen. Es ist eher ein „Hallo, hier bin ich!" Betritt ein Kunde die Szene, wird auch er nur einen generellen Rundblick senden.

Erste Aufforderung

Der Kunde wird den Zeitpunkt der Kontaktaufnahme bestimmen. Er nimmt mit einem sehr kurzen Blick Kontakt zum Verkäufer auf. Doch: Achtung Falle! Es wäre falsch, nun auf diesen Kunden zuzu-

Nichts überstürzen!

2 Die Kunst, Ihre Kunden zu motivieren

rennen und ein Gespräch anzubieten. Erst durch eine Körperdrehung und erneute Blickkontakte signalisiert der Kunde seine Bereitschaft, angesprochen zu werden.

Wer beginnt den Flirt?

Natürlich beginnt der Kunde den Flirt, er hat schließlich das Kaufhaus betreten! Doch genau das wird er später abstreiten!

Also: Fingerspitzengefühl!

Das erste Lächeln

Kontaktaufnahme gewünscht

Ideal ist es natürlich, wenn der Kunde jetzt Blickkontakt und Lächeln verbindet und beides dem Verkäufer sendet. Ebenso funktioniert das Lächeln, das „Ich habe Dich gesehen!"-Signal von Seiten des Verkäufers. Es ist jetzt durchaus zu beobachten, dass sich der Kunde nach dieser Kontaktaufnahme wieder wegdreht.

Das erste Wort

Noch einmal zur Erinnerung: Frauen bevorzugen die Annäherung über Gemeinsamkeiten, während Männer mehrheitlich die Annäherung über ihre Selbstdarstellung betreiben.

Der Kunde verhält sich eher „weiblich"

Für das direkte Verkaufsgespräch bietet sich dabei folgende Überlegung an: Könnte es nicht sein, dass Menschen in der Rolle des Kunden in einem Verkaufsgespräch eher die weibliche Komponente darstellen? Deswegen suchen sie auch zunächst „Gemeinsamkeiten". Im Umkehrschluss heißt das, dass Verkäufer eher dazu neigen, die männliche Position zu übernehmen, und deshalb besonders sich oder die Ware „herausstellen"! Diese Rollenverteilung zwischen Kunde und Verkäufer hat nichts mit dem konkreten Geschlecht zu tun.

Kundenflirt im Kaufhaus **2**

Ein Beispiel:

Eine Kundin betritt die Porzellanabteilung, die Kontaktaufnahme funktioniert optimal.

Die Verkäuferin fragt:

„Guten Tag, haben Sie einen Wunsch?"

Die Kundin antwortet: „Ich suche ein Geschenk."

Falsche Reaktion der Verkäuferin	Besser
„Da habe ich was ganz, ganz Tolles auf einer Messe gesehen! Das muss ich Ihnen zeigen!"	„Für Sie persönlich?"
Das ist eine typisch männliche Reaktion.	Mit diesen einfachen Worten wird die erste Gemeinsamkeit möglich. Total einfach – es ist das gemeinsame Thema.

Eine gemeinsame Basis finden

Das optimale Gespräch

Es dreht sich dabei in jedem Fall um das Thema, das sich in der konkreten Situation für den Kunden als nahe liegend anbietet. Als wichtige Empfehlung gilt für den LoveSeller: Lassen Sie sich und dem Kunden Zeit! Präsentieren Sie nicht sofort eine Idee! Holen Sie nicht sofort eine entsprechende Ware hervor.

Sie gehen ja in einer Disco auch nicht auf eine junge Dame zu und sagen ihr direkt: „Ich find Sie Klasse – wir sollten heiraten!" Also lassen Sie Ihrer Kundin, Ihrem Kunden ein wenig Zeit, inszenieren Sie den Kaufakt vielmehr, bringen Sie Spannung und Emotionen hinein!

2 Die Kunst, Ihre Kunden zu motivieren

Beispiel erfolgreicher Kontaktaufnahme

Eine sehr erfolgreiche Verkäuferin von Urlaubsreisen macht Folgendes: Obwohl der Kunde beispielsweise sagt: „Ich hätte gerne Prospekte von Spanien – was haben Sie denn so da?", antwortet sie fast stereotyp: „Bitte nehmen Sie Platz!" Und jetzt lässt Sie sich von dem Kunden seinen Urlaub erzählen. Manchmal holt Sie dann erst nach 18 – 20 Minuten die entscheidende Reise-Idee aus der Vielzahl der Prospekte heraus.

3. Der Bauch entscheidet

Verstand und Gefühl

Um das Verhalten eines Kunden noch besser zu verstehen, ist es wichtig, zunächst zu erkennen, wie die Willensbildung zustande kommt. Die Entscheidung des Kunden, den Vorschlag des Verkäufers zu akzeptieren, ist Ausdruck seines Willens. Der Wille eines Menschen wird aus zwei Quellen gespeist: Verstand und Gefühl.

Ihr Kunde trifft seine Entscheidung, ob er Ihrem verkäuferischen Rat folgen soll oder nicht, zu 5 % mit dem Verstand und zu 95 % mit dem Gefühl! Diese Aussage mag Sie erstaunen, erschrecken oder vielleicht sogar enttäuschen.

Gefühl – der positive Wille

Deutlich wird dabei sofort folgendes Problem: Während des Entscheidungsprozesses herrscht offensichtlich eine dramatische Ungleichheit zwischen Verstand und Gefühl. Wehe, wenn nun ein Verkäufer überwiegend den Verstand des Kunden beschwört!

Zauberwort Motivation

Zum besseren Verständnis: Wenn Sie einen Kunden zu einer Verhaltensänderung bewegen wollen, dann gelten in diesem Augenblick allein die Gesetze der Motivation. Um ganz sicher zu gehen, soll an dieser Stelle das Wort Motivation kurz definiert werden: Motivation heißt, einem Menschen einen Grund für sein Verhalten zu geben.

Der Bauch entscheidet 2

Viele Verkaufsgespräche wären wirkungsvoller, wenn Verkäufer das Ungleichgewicht ihrer Gesprächspraxis erkennen würden:

Kunde	Verkäufer
entscheidet mit	appelliert an
Verstand: 5 %	Verstand: 95 %
Gefühl: 95 %	Gefühl: 5 %

Zu glauben, man müsse jetzt den Verstand verstärkt ansprechen, um den Kunden zu einer rationaleren Entscheidung zu bewegen, ist völlig falsch! Ein Verkäufer muss vielmehr lernen, gezielt die Gefühle des Kunden anzusprechen!

Es hat auch wenig Sinn, sich gegen den starken Anteil der Gefühle bei Entscheidungen zu wehren. Wie dominant Gefühle sind, beweist schlüssig das Problem des Rauchens: Es gibt keinen informierten Menschen auf dieser Welt, der mit Verstand sein aktives Rauchen begründen könnte. Und jeder, der das Rauchen aufgab, weiß um die emotionale Auseinandersetzung, die erlebt und auch erlitten werden musste. Der Verstand sagte „Nein!" und das Verlangen sagte „Ja!".

Beispiel Rauchen

2 *Die Kunst, Ihre Kunden zu motivieren*

Im Rahmen dieser Überlegungen möchte ich auf einen besonderen Umstand des Verkaufsgesprächs hinweisen: Den meisten Kunden fehlt die fachliche Kompetenz, die Qualität einer Ware oder eines Angebotes zu überprüfen! Es ist also ausschließlich eine Frage der Motivation und der Vertrauens-Qualität, ob ein Kunde Ihrer Empfehlung folgt oder nicht! Und Vertrauen kann nur auf der Basis positiver Emotionen entstehen.

Wer Kunden motivieren will, muss natürlich Kenntnisse über die Gefühle seiner Kunden haben. Welche Gefühle Sie ansprechen können, erfahren Sie im nächsten Kapitel.

4. Motivieren Sie Ihre Kunden

Stellen Sie sich bitte die folgende Situation vor: Sie sind mitten in einem Verkaufsgespräch und merken, dass es nicht vorangeht. Sie spüren selber, es fehlt Ihnen an Überzeugungskraft, der Funke ist nicht übergesprungen.

Es kommt zu lästiger Nachfragerei, es ergeben sich Schwierigkeiten beim Termin, und schließlich sollen noch unendlich viele Möglichkeiten bis zur Entscheidung berücksichtigt werden. Also alles in allem keine erfreuliche Sache. Was tun?

Ohne Motive keine Entscheidung

Sie können in solchen Fällen zunächst einmal davon ausgehen, dass dieser Kunde von Ihnen nicht wirklich motiviert wurde. Das heißt, er hatte keinen wirklichen Grund zur Zustimmung, ja noch nicht einmal zur Ablehnung (!) erhalten. Seine Gefühle gegenüber dem Kauf sind weder positiv noch negativ, sie sind indifferent.

Bei der Motivation gelten die zwei physikalischen Grundprinzipien der Bewegung: Druck oder Sog. Tatsächlich können Sie alles bewegen, wenn Sie nur einen genügend hohen Druck oder einen entsprechend starken Sog auf eine Sache ausüben.

Mehr Sog als Druck

Ein Verkaufsgespräch auf der Grundlage von Druck hört sich dann vielleicht so an: „Ich als Ihr Verkäufer muss Sie warnen. Wenn Sie

Motivieren Sie Ihre Kunden 2

dieses Problem nicht sofort lösen, dann werden Sie über kurz oder lang alle Kunden und Chancen im Markt verlieren!"

Oder bei technischer Überlegenheit vielleicht so: „Sie können machen, was Sie wollen, langfristig kommen Sie an unserem Unternehmen mit seinen Innovationen doch nicht vorbei!"

Wie gefällt Ihnen die folgende Aussage: „Das müssen Sie mir schon glauben, wenn ich Ihnen das sage, schließlich sind Sie nicht mein erster Kunde, der so fragt!" Nein – aber vielleicht sein letzter? Von diesen Formulierungen ist es nicht mehr weit bis hin zur Belehrung, Bevormundung oder gar zynischen Gesprächsführung!

Besser hört es sich an, wenn Sie sich als LoveSeller von der Analogie des Soges leiten lassen. Wenn eine Sache begehrenswert erscheint, wenn sich die Menschen hingezogen fühlen, dann sind viele Handlungen viel schneller zu erreichen.

Anziehungspunkte herausstellen

Wenn wir einen anderen Menschen für uns interessieren oder gar begeistern wollen, dann übt ja auch niemand Druck aus, sondern wir setzen das gesamte Repertoire des Soges ein!

Deshalb könnten bei derselben Ausgangslage LoveSeller sagen: „Folgen Sie allein Ihrem Gefühl bei der Entscheidung. Achten Sie darauf, dass die Vorteile für Sie überzeugend sein müssen. Entscheiden Sie sich für eine Idee ... Und was besonders wichtig ist: Sie werden begeistert sein!"

Begeisterung entfachen

Eine Frage: Als Sie eben diesen letzten Satz gelesen haben, stellten Sie sich da vor, ob Sie selber so einen Satz in einem Verkaufsgespräch aussprechen könnten oder würden? Wie hätte Ihre Antwort gelautet?

1. Das könnte ich nicht so sagen!
2. Genauso mache ich es auch!
3. Endlich erfahre ich, wie man es auch machen kann – mir würde es auch selber gefallen, wenn man mich so ansprächle!

2 Die Kunst, Ihre Kunden zu motivieren

Der richtige Weg

Fall 1:

Wenn Sie meinen: „So will ich mit meinen Kunden nicht reden!", dann bitte ich Sie, lesen Sie dennoch weiter. Ob es Ihnen etwas nützt, ist offen. Aber Ihre Kunden werden sich in Zukunft vielleicht bei Ihnen etwas wohler fühlen.

Wenn Sie hingegen meinen: „So kann ich nicht reden!", dann frage ich Sie: „Woher wissen Sie das jetzt so genau?" Ein wenig Geduld sollten Sie mit sich schon haben! Lesen Sie unbedingt weiter!

Fall 2:

Gut, dass Sie schon so weit sind. Dann werden die nächsten Seiten für Sie noch nützlicher sein, weil Sie in vielem, was Sie schon intuitiv richtig machen, bestärkt werden!

Fall 3:

Hatten Sie bisher das Gefühl, dass es noch eine andere Art der Kommunikation geben muss als die gewohnte? Für Sie besteht jetzt die Möglichkeit, in einer sympathischen und gewinnenden Art mit Ihren Kunden zu reden – eben wie ein LoveSelling®Verkäufer!

Lernen Sie die wichtigsten Primärmotive für das erfolgreiche Verkaufsgespräch kennen:

Motive steuern das Verhalten

Wo Leistungen erbracht werden, zum Beispiel im Sport, taucht sehr schnell der Begriff „Motivation" auf. Sportler weisen gerne darauf hin, dass ihnen die entsprechende Motivation fehlte (wenn sie verloren haben), oder dass sie besonders motiviert gewesen seien (immer dann, wenn sie gewonnen haben)!

Motivieren Sie Ihre Kunden 2

Es klingt banal: Ein schönes oder interessantes Motiv ist ein guter Grund, um auf den Auslöser bei einem Fotoapparat zu drücken. Nichts anderes bedeutet es, „motiviert zu sein": Dann bestehen gute Gründe zu handeln!

Auf das Motiv kommt es an

Menschliche Aktivität baut auf der Grundlage einer Vielzahl von Motiven auf. Doch welche Motive waren zuerst da? Wahrscheinlich spielen Ängste, regelrechte Urängste, die Schlüsselrolle!

Es erscheint als sehr nahe liegend, dass der Mensch schon immer Angst hatte vor Hunger, Durst und Obdachlosigkeit. Diese drei Urängste bieten einen Erklärungsansatz für das menschliche Verhalten.

Die Angst, man könne Verdursten, also alle Lebensenergie verlieren, führt dazu, sich dort aufzuhalten, wo Wasser vorhanden ist. So beginnt die automatische Suche nach günstigen Lebensräumen oder das Lernen, unter den ungünstigen Bedingungen zu überleben! Die Angst vor Obdachlosigkeit, die Angst, dem Klima ungeschützt ausgeliefert zu sein, schlimmstenfalls zu erfrieren, motiviert zum Bau von Unterständen und Häusern.

Antriebsmotor Angst

Diese drei Ängste sind die Basis menschlicher Motivation. In dem Augenblick, wo die Gefahr droht, zu verhungern, zu verdursten oder zu erfrieren, werden die Menschen aktiv. Dann wird gesammelt, gehortet, gerafft!

Selbst wenn diese Gefahren aktuell für einen Menschen nicht bestehen, so bestimmen sie doch sein Verhalten.

Ein Beispiel soll das deutlich machen: Angenommen, Sie hätten auf Ihrem Konto 100 000 €. Wenn Ihnen nun ein Kaufangebot gemacht wird, werden Sie sich immer folgende Frage beantworten müssen: „Wenn ich für den Erwerb von „X" mein ganzes Geld investiere, werde ich mich dann meinen drei Ur-Ängsten nähern, also Tod durch Hunger, Durst oder Obdachlosigkeit riskieren, oder werde ich mich sogar von dieser Gefahr deutlich entfernen?"

Kunden wägen ab

2 *Die Kunst, Ihre Kunden zu motivieren*

Und nun können Sie das vorgenannte „X" durch „Roulette-Spielen" oder „Hauskauf" ersetzen. Die Gefahr, beim Roulette alles zu verlieren, ist ungewöhnlich hoch, der Hauserwerb hingegen ist ein sehr viel sichereres Geschäft.

Das bedeutet, dass Menschen dann gerne eine Sache erwerben wollen, wenn diese ihnen einen höheren Nutzen bietet als der Besitz des abstrakten Geldes! Dieser unterstellte Nutzen ist allerdings nicht immer sofort zu erkennen und muss deshalb erläutert werden. Das ist Ihre Aufgabe, die Aufgabe des Verkäufers.

Den drei Urängsten folgen acht Gruppen weiterer Motive:

- Das Streben nach Geltung und Anerkennung
- Das Bedürfnis nach Sicherheit
- Die Befriedigung der ständigen Neugier
- Die Suche nach Anlehnung und Kontakt
- Der Erwerb von Besitz
- Die Sehnsucht nach Liebe
- Der Wunsch nach Bequemlichkeit
- Der Erhalt der eigenen Gesundheit

Argumente, Beispiele

Für diese Primärmotive und zugehörigen Unterbegriffe bekommen Sie nachfolgend aus der täglichen Praxis Argumentationsbeispiele, die Ihnen helfen, Ihre Kunden ganz individuell anzusprechen.

Motivieren Sie Ihre Kunden **2**

Das Streben nach Geltung und Anerkennung

Anerkennung	Tun Sie sich etwas Gutes, entscheiden Sie sich für …	*Anerkennung*
Neid	Ihre Bekannten werden staunen, wenn Sie erfahren, wozu Sie sich entschieden haben.	
Prestige	Nur wenige können sich so etwas leisten!	
Bedeutung	Der Lieferant ist Deutschlands größtes Unternehmen dieser Art.	
Ehrgeiz	Wenn Sie entschlossen zupacken, dann …	
Eitelkeit	Es war schon immer etwas teurer, einen besonderen Geschmack zu haben!	
Selbstbewusstsein	So entschlossen handeln wenige!	
Erfolg	Jetzt sind Sie einmal dran! Gönnen Sie sich endlich …	
Respekt	Wer sich so um seine Mitarbeiter kümmert, der hat den Respekt …	
Leistung	Wenn Sie sich etwas Besonderes leisten wollen, dann …	
Macht	Man muss sich mit seinen Entscheidungen auch durchsetzen wollen!	
Wertschätzung	Das sollten Sie sich schon selber wert sein!	
Vornehmheit	Auch auf diesem sensiblen Gebiet lohnt es sich, Stil zu zeigen.	
Auszeichnung	Eine größere Auszeichnung als diese Entscheidung gibt es nicht!	

2 *Die Kunst, Ihre Kunden zu motivieren*

Fortschritt	Damit haben Sie sich für die modernste Methode entschieden!
Wettbewerb	Diesmal könnten Sie die Nase vorne haben!
Sieg	Sie werden als Sieger dastehen!
Status	Sie sollten sich auch nicht mit weniger zufrieden geben!
Individualität	Hier wird jeder einzelne Wunsch nach Ihren Vorstellungen realisiert.
Karriere	Kleider machen Leute!
Beförderung	Wer so strahlt – der wird nicht übersehen!
Stolz	Sie haben die beste Wahl für sich selber getroffen! Gratulation!
Überlegenheit	Nur wenige können so schnell und kompetent entscheiden!

Das Bedürfnis nach Sicherheit

Sicherheit

Besitz	Sie erwerben etwas Langlebiges!
Zuverlässigkeit	In 20 Jahren Praxis hat es erst einen Fall mit einem Defekt gegeben.
Risiko	Das Risiko bei dieser Entscheidung ist statistisch minimal.
Stabilität	Ein Bruch ist ausgeschlossen!
Schutz	Die Maßnahme „X" verhindert die Katastrophe „Y".
Vertrag	Die Bezahlung wird vertraglich fixiert.

Motivieren Sie Ihre Kunden **2**

Garantie	Sie bekommen die Garantie schriftlich!
Vertrauen	Auch mein Vater hätte sich so entschieden.
Hilfe	Wenn Sie weitere Erklärungen wünschen, jederzeit …!
Nachweis	Dieses Dokument bestätigt Ihnen noch einmal ausführlich …!
Solidität	Diese Methode hat sich schon tausendmal bewährt!

Die Befriedigung der ständigen Neugier

Entdeckung	Das ist die Jahrhundertentdeckung!	*Neugier*
Spiel	Sie werden erstaunt sein, wie spielend leicht die Bedienung funktioniert!	
Suche	Auf der Suche nach der besten Lösung sind Sie fündig geworden.	
Erfahrung	Stammkunden sammeln damit schon beste Erfahrungen!	
Forschung	Die Forschung hat auch hier ein Tor in die Zukunft aufgestoßen.	
Interesse	Diese Idee wird Sie interessieren!	
Experiment	Richtig, experimentieren Sie mit verschiedenen Lösungen!	
Entwicklung	Schätzen Sie einmal, wie lang die Entwicklung dauerte?	
Geheimnis	Die genaue Fertigung bleibt ein wohlgehütetes Geheimnis!	

www.metropolitan.de

2 *Die Kunst, Ihre Kunden zu motivieren*

	Frage	Von welcher Frage machen Sie Ihre Entscheidung abhängig?
	Revolution	Dieses Verfahren wird die Branche revolutionieren!

Die Suche nach Anlehnung und Kontakt

Kontaktwünsche	Gruppe	Sie gehören dann zur Gruppe der wirklich zufriedenen Kunden!
	Beitritt	Als neuen Kunden begrüße ich Sie besonders herzlich!
	Zugehörigkeit	Richtig bewusste Kunden entscheiden sich so wie Sie!
	Hilfe	Es ist schön, dass Sie die Hilfe dieser Organisation annehmen.
	Umwelt	Sie entscheiden sich damit für ein umweltfreundliches Material!
	Sympathie	Ihr Partner wird Sie für Ihre Entscheidung bewundern!
	Zusammenarbeit	Gemeinsam werden wir Ihr Problem lösen können.
	Herzlichkeit	Ihren Wünschen wird man mit offenen Armen begegnen!
	Freundlichkeit	Wie man in den Wald hineinruft …
	Beliebtheit	Ihre Weiterempfehlung ist das größte Kompliment!

Erwerben von Besitz

Besitz	Einkommen	Setzen Sie Ihr hart verdientes Geld richtig ein.

Motivieren Sie Ihre Kunden   **2**

Nutzen	Hier wird der Nutzen höher sein als der Einsatz.
Wirtschaftlichkeit	Sie verstehen etwas von Preis und Leistung!
Besitz	Glückwunsch, Sie sind jetzt stolzer Besitzer von …
Geld	Bei dieser Entscheidung geht es um Ihr bares Geld!
Anlage	Investieren Sie in Ihr eigenes Unternehmen – das ist immer die beste Anlage!
Beteiligung	Gemeinsam machen wir aus Ihrer Investition das Beste!
Sparen	Sparen ist sinnvoll!
Gewinn	Entschlossenes Engagement bringt immer den höchsten Gewinn!
Reichtum	Gesund und glücklich – das ist wahrer Reichtum!

Die Sehnsucht nach Liebe

Jugend	Sie gewinnen etwas Wertvolles zurück: Ihre Jugend!	*Liebe*
Anziehung	Ihr Partner wird Sie ganz besonders anziehend empfinden!	
Verführung	Mit einer guten Idee kann man den größten Kritiker verführen!	
Erotik	Ihre Ausstrahlung wird begeistern!	
Zuneigung	Freuen Sie sich heute schon auf die Zuneigung, die Ihnen …	

2 Die Kunst, Ihre Kunden zu motivieren

	Faszination	Ihre Entschlossenheit ist wirklich faszinierend!
	Männlichkeit	Mit dieser Wahl unterstreichen Sie Ihre männliche Ausstrahlung!
	Weiblichkeit	Mit dieser Wahl betonen Sie Ihre weibliche Ausstrahlung!

Der Wunsch nach Bequemlichkeit

Annehmlichkeiten	Komfort	Lassen Sie sich ausgiebig pflegen!
	Trägheit	Mit diesem Dauerauftrag entlasten Sie sich – Sie müssen sich um nichts mehr kümmern!
	Ruhe	Prüfen Sie diese Idee in aller Ruhe!
	Vereinfachung	Der Computer merkt sich alle Schritte der Bestellung und Auslieferung – so einfach …
	Entspannung	Diese Musik wird Sie entspannen!
	Erholung	Dieser Urlaub verspricht Ihnen tiefe Erholung.
	Entlastung	Einfacher können Sie sich nicht entlasten!
	Wohlbefinden	Dieses Medikament steigert Ihr Wohlbefinden nachhaltig.
	Annehmlichkeit	Der Computer führt alle Termine – nichts wird vergessen.
	Betreuung	Während des gesamten Hausbaus werden Sie von Ihrem Verkäufer betreut!

Motivieren Sie Ihre Kunden **2**

Der Erhalt der eigenen Gesundheit

Sport	Sport ist für Langeweile Mord!	*Gesund sein ist alles*
Spiel	Entdecken Sie sich selber im Spiel wieder neu!	
Fitness	Wie sagten schon die alten Römer: In einem gesunden Körper steckt auch ein gesunder Geist!	
Lebenshaltung	Sie und ich – wir können heute alle länger leben, wenn …	
Nahrung	Das ist ein Fit- und Schlankmacher!	
Medizin	Bauen Sie auf die Erkenntnisse der pflanzlichen Medizin!	
Entspannung	Mit dieser Entscheidung sind Sie viele Sorgen los!	
Kur	Jeder Motor muss mal in Kur – erst Recht der Mensch mit seinen Organen!	
Krankheitsverhütung	Treffen Sie eine kluge Entscheidung: Verhüten Sie weiteres …	

Damit kein Irrtum aufkommt: Es handelt sich hier um annähernd 100 Ideen und Angebote. Sie müssen bitte selber überprüfen, wann und wo Sie welches Satzmodell verwenden können. Hier ist jetzt Ihre Kreativität gefragt!

Wer LoveSelling® ernst nimmt, der entwickelt an dieser Stelle für seine eigene Kunden- und Produktsituation eine entsprechend motivierende Argumentationsvielfalt! Versuchen Sie also, durch genaues Beobachten die Motivationsstruktur Ihres Kunden zu entdecken, und passen Sie dann Ihre Aussagen genau diesem Bedarf an. Deshalb ist es wichtig, dass Sie über ein riesiges Repertoire an Formulierungen verfügen, die Sie je nach Kunde und dessen ganz spezieller Motivation einsetzen können.

Fantasie beflügelt

2 Die Kunst, Ihre Kunden zu motivieren

Männer sind ganz anders und Frauen sind etwas ganz Besonderes!

Wenn Sie an die große Vielzahl der Kaufmotive aus dem vorangegangenen Kapitel denken, werden Sie zustimmen, dass diese einleuchtend sind. Wahrscheinlich können Sie auch bestätigen, dass sogar eine Vielzahl dieser Motive Ihre Entscheidungen beeinflussen.

Der kleine Unterschied

Doch eine Unterscheidung fehlt noch: eben der kleine Unterschied! Die einfachste Sache der Welt: Frauen und Männer sind verschieden. Wenn das stimmt, dann sind doch auch Kundinnen und Kunden sehr unterschiedlich. Dann ist aber noch hinzuzufügen, dass auch Verkäuferinnen und Verkäufer unterschiedlich sind. Und wenn das stimmt, dann müssten sich auch Verkäuferinnen und Verkäufer im Umgang mit Kundinnen und Kunden unterschiedlich verhalten (können).

Betrachten wir nun, was Frauen und Männer gerne suchen und hören und was Frauen und Männer gerne finden und senden wollen.

John Gray macht diese Unterschiede in seinem Buch „Männer sind anders, Frauen auch" sehr deutlich.

Sie sollten genau wissen, was Frauen und Männer suchen:

Frauen suchen	Männer suchen
Fürsorge	Vertrauen
Verständnis	Akzeptanz
Respekt	Anerkennung
Hingabe	Bewunderung
Wertschätzung	Zustimmung
Sicherheit	Ermutigung

Motivieren Sie Ihre Kunden 2

Berücksichtigen Sie, dass zunächst immer die sechs spezifischen Wünsche der Frauen oder Männer befriedigt werden müssen, bevor dann die jeweils anderen sechs Wünsche zum Zuge kommen können. Sie finden bei Frauen auch die typischen Wünsche der Männer und umgekehrt – nur ein wenig später.

Die beiden folgenden Gegenüberstellungen machen deutlich, dass parallel laufende Kommunikation relativ problemlos ist. Beide Gesprächspartner liefern das Wunschprogramm des jeweils anderen.

Es lassen sich wunderbare Kombinationen entwickeln.

Kundinnen suchen	Verkäuferinnen bieten
Fürsorge	Fürsorge
Verständnis	Verständnis
Respekt	Respekt
Hingabe	Hingabe
Wertschätzung	Wertschätzung
Sicherheit	Sicherheit

Kunden suchen	Verkäufer bieten
Vertrauen	Vertrauen
Akzeptanz	Akzeptanz
Anerkennung	Anerkennung
Bewunderung	Bewunderung
Zustimmung	Zustimmung
Ermutigung	Ermutigung

Schwieriger wird es mit der nächsten Kombination. Jetzt treffen Frauen und Männer aufeinander, wobei nur die Verkäufer-Positio-

Kombinationsmöglichkeiten

2 Die Kunst, Ihre Kunden zu motivieren

nen lernen müssen – schließlich kann man dem Kunden-Partner ja keine kommunikativen Vorschriften machen!

Kundinnen suchen im Gespräch	Verkäufer würden gerne bieten	Verkäufer lernen verstärkt zu senden
Fürsorge	Vertrauen	Deine Sorgen sind meine!
Verständnis	Akzeptanz	Ich verstehe Dich!
Respekt	Anerkennung	Deine Gedanken werden respektiert!
Hingabe	Bewunderung	Nur du bist wichtig!
Wertschätzung	Zustimmung	Deine Werte stehen außerhalb jeder Debatte!
Sicherheit	Ermutigung	Ich mag Dich als Kundin um deiner selbst willen!

Kunden suchen im Gespräch	Verkäuferinnen würden gerne bieten	Verkäuferinnen lernen verstärkt zu senden
Vertrauen	Fürsorge	Dir vertraue ich!
Akzeptanz	Verständnis	Du hast ein Recht auf deine Ideen!
Anerkennung	Respekt	Ich werde mich nicht einmischen!
Bewunderung	Hingabe	Wenn nur jeder Mann so Bescheid wüsste!
Zustimmung	Wertschätzung	Deine Wünsche sind wichtig und originell!
Ermutigung	Sicherheit	Trau Dich und leb Dich aus!

2 *Motivieren Sie Ihre Kunden*

Es bedarf jetzt nur noch weniger Fantasie, um sich vorzustellen, wie leicht Missverständnisse entstehen können. Nur ein Beispiel:

Missverständnisse

Die Kundin fragt den Verkäufer: „Glauben Sie, dass ich das allein hinbekomme?" Sie äußert den Wunsch nach Fürsorge, will also das Gefühl bestätigt bekommen, dass sich jemand um sie sorgt. Der Verkäufer aber, lösungsorientiert wie Männer nun einmal sind, ruft voller Begeisterung: „Klar doch, das können Sie locker, ich zeige Ihnen mal, wie das geht!"

Besser wäre es gewesen, ihre Sorge mit einer neuen Sache umzugehen, zu akzeptieren und zu verstehen, statt sofort eine Lösung anzubieten.

Umgekehrt wird die Katastrophe auch deutlich, wenn eine Verkäuferin fragen würde, mit wirklicher Besorgnis in der Stimme: „Glauben Sie, dass Sie das auch selber hinkriegen, oder brauchen Sie Hilfe?" Verkäuferinnen sollten nie das Selbstvertrauen eines Kunden bezweifeln oder seinen Wunsch nach Bewunderung ignorieren.

Die Idee des LoveSelling® lebt von der Unterschiedlichkeit! Schließlich ist der Unterschied die Voraussetzung für das jeweilige Spannungspotenzial. Einkaufen und Kunde sein, Verkaufen und Verkäufer sein, Frau und Mann sein – immer dasselbe Spiel: das Vergnügen in der jeweiligen Rolle entspringt dem erotisierenden Gefühl der Unterschiedlichkeit – weil der Unterschied das Umeinander-Werben notwendig macht!

Unterschied erzeugt Spannung

Was Sie noch dazu tun können, erfahren Sie im nächsten Abschnitt.

5. Schenken Sie Ihrem Kunden starke Gefühlserlebnisse

Ob Sie nun Spezialist für das Marketing Ihres Unternehmens sind oder einen anderen Menschen begeistern wollen, ob Sie nun Lover oder LoveSeller sind, es gelten die folgenden Ideen, die Sie kennen und anwenden sollten, wenn es um den erfolgreichen Umgang mit den Motiven, Gefühlen, Wünschen und Sehnsüchten geht.

Starke Gefühle entstehen, wenn etwas plötzlich und unerwartet geschieht!

Überraschung, Überraschung

Es gibt nichts Langweiligeres, als immer dieselben Blumen zu immer denselben Anlässen zu schenken. Stellen Sie sich vor, Ihr Mann schenkt Ihnen seit 20 Jahren zu Ihrem Hochzeitstag rote Rosen. Wie wäre es einmal mit einer wirklich prickelnden Überraschung? Der Autor erspart sich an dieser Stelle Vorschläge – kommen Sie bitte selber drauf! Nicht dass man zu Ihnen sagt: „Das hast du doch vom Köhler!"

Als LoveSeller werden Sie entdecken, dass die Überraschung im Verkaufsgespräch das Salz in der Suppe ist!

Starke Gefühle entstehen, wenn alle Sinne gleichzeitig angesprochen werden!

Ein Fest der Sinne

In einem Freizeitpark in Orlando gibt es eine Filmvorstellung, in der die Besucher beim Sehen und damit natürlich auch Hören eines Filmes mechanisch geschüttelt werden (Gleichgewichtssinn), durch einen Luftimpuls glauben, dass eine Maus an ihnen hochkriecht (fühlen) und zum Schluss auch noch durch einen gesprühten Wasserguss den Eindruck haben, von einem riesigen Hund angeniest worden zu sein (fühlen von Temperatur und Feuchtigkeit)! Was glauben Sie, was in dem Kino los ist, wenn die Menschen so viele Gefühleindrücke gleichzeitig erleben können.

Schenken Sie Ihrem Kunden starke Gefühlserlebnisse   **2**

An einem Parfümflacon können Sie gut erkennen, wie wichtig es ist, mehrere Gefühle gleichzeitig anzusprechen. Vielleicht haben Sie einen ganz persönlichen Lieblingsduft. Stellen Sie sich vor, Sie würden diesen Duft in einer Plastikflasche aufbewahren. Hätten Sie Freude daran?

Was geschieht tatsächlich: dem starken Gefühl Riechen wird noch ein starker optischer Reiz hinzugefügt. Außerdem wird über die Form der Flasche und die Materialoberfläche ein starker haptischer (Empfindungen – mit der Hautoberfläche spürbar) Eindruck hinterlassen.

Alle Sinne ansprechen

Auge und Ohr werden auch mit dem Namen für ein Produkt besonders angesprochen. Um beim Beispiel des Parfüms zu bleiben, können Sie sich bestimmt gut den Unterschied vorstellen, ob nun eine Duftnote „Obsession" oder „Leberwurst" heißt.

Für den Kauf eines Produktes ist auch die Schriftart (sehen), das Design (fühlen), der Namensklang (hören) und die allgemeine oder besondere Namensbedeutung (positive oder negative Assoziation) von großer Wichtigkeit. Sie sehen auf der folgenden Grafik zwei Abbildungen, die Erich-Norbert Detroy in seinen Seminaren als Beispiele von Bild- und Wortklang verwendet. Sortieren Sie jetzt bitte den beiden Bildern die Worte „Takete" und „Maluma" zu.

2 Die Kunst, Ihre Kunden zu motivieren

Kann es sein, dass Sie das Wort Takete eher dem linksstehenden zackigen Gebilde zugeordnet haben, während Maluma das runde Bild auf der rechten Seite trifft?

Empfindungen ergänzen sich

Wenn das stimmt, dass beim gleichzeitigen Wahrnehmen vieler Gefühle ein besonderer Reiz entsteht, dann müssten eigentlich Erlebnisse oder Produkte, die das ermöglichen, besonders begehrt sein. Lassen Sie uns nach Erlebnissen suchen, bei denen möglichst viele Sinne angesprochen werden.

Essen

Erlebnis für alle Sinne

Bei einem perfekten Menü werden die Sinne angesprochen und wahrlich befriedigt: *Sehen* der Tafel und der Speisen, *Riechen* der Speisen und Getränke, *Schmecken* der Speisen, *Fühlen* der Speisen mit den Lippen und dem Mund, *Hören* der Essgeräusche sowie *Fühlen* mit der Hand (Haptik) von Speisen, Besteck und Dekoration.

Autofahren

Geschwindigkeitsrausch

Wenn Sie mit Ihrem Auto in optimaler Art und Weise unterwegs sind, dann geht es um das *Sehen* von vorbeifliegender Landschaft, das *Hören* von Motor und Fahrgeräusch, das *Fühlen* von Vibration und Fliehkraft, das *Riechen* von Sprit und Leder und das wahrlich starke *Gefühl* von Geschwindigkeit.

Fliegen und Tauchen

Höhenrausch

In diesen beiden Situationen kommt neben Sehen, Hören, Fühlen, Geschwindigkeit, Haptik, Geruch und Geschmack noch das Gefühl des Schwebens hinzu, also ein starker Eindruck im Bereich Gleichgewichtssinn.

Schenken Sie Ihrem Kunden starke Gefühlserlebnisse 2

Liebe

Welche Sinne werden eigentlich angesprochen, wenn es um die Liebe geht? Stellen Sie sich vor, Sie sind mit Ihrem liebsten Menschen zusammen: Sie sehen einander, Sie hören die liebevollen Worte, Sie können den anderen gut riechen, jeder Kuss schmeckt wunderbar, Sie fühlen die Haut des anderen, Sie spüren die Wärme der Haut, Sie bewegen sich hingebungsvoll, vielleicht haben Sie sogar das Gefühl von Fliegen, Schweben oder Fallen-Lassen ...

Ein Rausch der Sinne

Wenn Sie sich diese drei Beispiele vorstellen, dann wird deutlich, weshalb das Essen einen so hohen Wert in unserem Alltag darstellt, weshalb das Autofahren so etwas Erstrebenswertes ist und letztlich, weshalb die Liebe so etwas Einmaliges ist!

Es muss uns als LoveSeller gelingen, unseren Kunden möglichst viele Gefühle erleben zu lassen – wer das schafft, hat alles erreicht!

Starke Gefühle entstehen, wenn der Wunsch nach Erfüllung auf sich warten lässt!

Jede Leserin, jeder Leser dieses Buches hat schon das Erlebnis gehabt, dass die Erfüllung eines begehrenswerten Wunsches auf sich warten ließ, dass er nicht erfüllt wurde oder es bis zum letzten Augenblick spannend blieb. Das Weihnachtsfest mit seinem Ritual der Wünsche, Geschenke, Überraschungen und auch den Enttäuschungen ist ein klassisches Beispiel!

Verzögerte Erfüllung

Die Idee von *Ferrero*, die Praline „Mon Cheri" zu verknappen, im Sommer vom Markt zu nehmen und dann jeweils im September wieder einzuführen, mag wegen des Schmelzens von Schokolade im Sommer sinnvoll sein, mag ein Gag der Marketingabteilung sein, entspricht aber letztlich genau diesem Wunsch, das besonders positive Gefühle nicht sofort befriedigt werden dürfen.

2 Die Kunst, Ihre Kunden zu motivieren

Starke Gefühle entstehen, wenn sie spannend inszeniert sind!

Gefühle inszenieren

Haben Sie das Musical „Phantom of the Opera" gesehen?

Die Frage war nicht, ob Sie dieses Musical „gehört" haben – denn das ist genau der Punkt: natürlich haben die aktuellen Musicals auch etwas mit Musik zu tun, aber vor allen Dingen haben sie etwas mit dem Thema Gesamt-Inszenierung zu tun.

Eine kleine Idee zum Thema Gesamt-Inszenierung: Angenommen, Sie hätten die Absicht, jemanden zu verführen. Wenn Sie wirklich alle Register ziehen, was würden Sie dann tun? Hier einige Ideen: den richtigen Zeitpunkt wählen, einen entsprechenden Ort bestimmen, Licht oder Kerzen auswählen, Essen und Trinken überlegen, eine bestimmte Musik erklingen lassen, sich selber in eine entsprechende Stimmung bringen und natürlich sich selber auch durch Outfit und Düfte inszenieren – alles abgestimmt auf die Absicht, den Gast und den eigenen Typ.

Einkaufen als Erlebnis

Und was machen LoveSeller? Das Einkaufserlebnis muss inszeniert werden. Dem Kunden ist das Warenangebot, die Warenauswahl allein zu wenig! Kunden suchen und belohnen Geschäfte heute dann, wenn Ihnen das Einkaufen zum Erlebnis inszeniert wird. Ein Punkt muss hier besonders hervorgehoben werden: Es macht wenig Sinn, wenn sich ein Unternehmen eine Erlebnisszene ausdenkt und die mitarbeitenden Verkäufer sehen in den zugedachten Rollen eher überfordert und unglücklich aus.

Unter dem Motto „Spirit Karstadt" wird den 93 000 Mitarbeitern in einer Unternehmens-Verfassung das kundenbewegte Unternehmen *Karstadt* präsentiert. Es ist erstaunlich, wie hoch der Anspruch an die Mitarbeiter ist. Im Artikel 4 ist folgende Aussage zu finden:

Schenken Sie Ihrem Kunden starke Gefühlserlebnisse 2

> **Begeisterung**
>
> Für unsere Kunden ist *Karstadt* unverwechselbar. Niemand in der Stadt gestaltet die Beziehungen zum Kunden besser als unsere Mitarbeiterinnen und Mitarbeiter. Für unsere Verkäuferinnen und Verkäufer ist es dabei unerheblich, ob ein Kunde einen Artikel für eine oder für tausend Mark kauft, ob er schnell bedient oder intensiv beraten werden will. Auch wenn er sich nur informieren möchte, soll er von *Karstadt* begeistert sein.

Ich frage Sie, wenn dieser Anspruch mit Leben erfüllt ist, wer will da nicht gerne Kunde sein?

Starke Gefühle entstehen, wenn Sie sie persönlich angehen!

Betroffenheit ist ein passendes Wort, um diese Aussage zu unterstützen. Je dichter wir an einem Ereignis dran sind, umso stärker sind wir auch davon berührt. Es ist ein Unterschied, ob Sie allein vor dem Fernsehgerät ein Fußballspiel verfolgen oder ob Sie mit Zehntausenden direkt im Stadion sind.

Dabeisein und mitfühlen

Und es ist ein wirklich sehr großer Unterschied, ob Sie auf einem Foto Ihren Traum-Typ, Ihre Traum-Frau sehen oder direkt in seinen oder ihren Armen liegen!

An dieser Stelle lade ich Sie zu einem Gedankenspiel ein – mit durchaus prickelnder Absicht.

Erlebte Korrespondenz

Verfassen Sie geschäftliche Briefe? Mal ehrlich, wie sind die so? Langweilig oder faszinierend? Geschäftlich nüchtern oder verkäuferisch stimulierend?

Wie wäre es mit einem Liebesbrief?

Es herrscht ja wirklich kein Mangel an Informationen. Prüfen Sie einmal, wieviel Post Sie täglich bekommen, wie viele E-Mails in

2 Die Kunst, Ihre Kunden zu motivieren

Ihrem Computer darauf waren, von Ihnen geöffnet zu werden. Selbst auf Ihrem Handy erreichen Sie Nachrichten.

Nicht alles, was man Ihnen zum Lesen anbietet, ist wirklich wichtig oder gar dringend. Aber vieles von dem, was man Ihnen anträgt, ist ausgesprochen lieblos präsentiert. Natürlich gibt es perfekte Mailings aus professionellen Werbeagenturen. Um die geht es hier nicht.

Sondern es geht um die vielen Briefe und Kontakte im B2B-Bereich, die schlicht und einfach lieblos sind. Beispiel: Sie bekommen einen Brief mit Ihrer korrekten Anschrift. Sie öffnen und – Überraschung, obwohl in der Anschrift Ihr Name zu sehen ist, beginnt der Brief mit der Anrede: Sehr geehrte Damen und Herren …!

Was machen Sie mit so einem Brief? Richtig – ab in den Mülleimer!

Würden Sie mit der Anrede „Sehr geehrte Damen und Herren" einen Liebesbrief beginnen. Natürlich nicht!

Deshalb folgende Bedingungen, die für einen Liebesbrief gelten:

- Ein Liebesbrief ist immer persönlich fomuliert.
- *Ein Liebesbrief ist immer von Hand geschrieben. Wenn das nicht möglich ist, dann sollte eine Schrift aus einem Handschriften-Fonds gewählt werden – wie diese hier. Wenn das auch nicht geht, dann schreiben Sie wenigstens die Anrede und die Schlussformulierung per Hand.*
- Manchmal sind schon drei Worte ein Liebesbrief!
- Wahrheit findet die schönsten Worte.
- Eindringlichkeit braucht kurze Sätze. Denken Sie an die Gefahr, durch Überlängen einen Brief schriftlich zu zerreden!
- Worte, die Bilder malen, sind Fantasien der Seele.
- Treffende Bezeichnungen ersetzen tausend Erklärungen.

Die Achterbahn der Gefühle **2**

Zum Schluss ein Tipp aus der täglichen Arbeit: Ich beginne häufig den Arbeitstag damit, dass ich einem lieben Menschen einen kleinen Dankesbrief schreibe. Es gibt so viele Menschen, bei denen man in der Schuld steht, bei denen man sich schon längst einmal für eine besondere Geste bedanken sollte und wollte. Wie wäre es denn, wenn Sie heute damit begännen, einen schon längst fälligen Liebesbrief zu schreiben? Sie wissen doch: *Touch the emotion!*

6. Die Achterbahn der Gefühle

Jedes denkbare Gefühl kann in seiner eigenen Dynamik noch verändert erlebt werden – es gibt eine Achterbahn der Gefühle!

Die Bandbreite der Gefühle erstreckt sich von Hass, Verzweiflung, Trauer, Ekel, Ablehnung, Gleichgültigkeit über Zustimmung, Sympathie, Zufriedenheit, Begeisterung und Faszination bis hin zur Ekstase.

Gefühle – unendliche Variationen

Nehmen Sie als Beispiel den Wunsch nach Kontakt und Anlehnung, ausgelebt über das Gefühl der Liebe. Liebe lässt sich in diesem Zusammenhang in der gesamten Bandbreite von Hass bis zur Ekstase erleben! Obwohl es eigentlich um den Wunsch nach Kontakt geht, kommt es immer wieder zu der fürchterlichen Schlagzeile: „Mord aus Eifersucht!"

Liebe – alles ist drin!

Auf der Seite der Ekstase sieht es auch nicht viel besser aus: Wer je das Gekreische von jungen Mädchen vor den BackStreetBoys erlebt hat, weiß, was die Sehnsucht in unerfüllter Liebe zu dem Bandleader Nick bedeutet!

2 *Die Kunst, Ihre Kunden zu motivieren*

Auch im Verkaufsalltag spielt diese Achterbahn der Gefühle in ihrer gesamten Bandbreite eine große und wirtschaftlich wichtige Rolle. Vielleicht ist „Hass" nicht unbedingt ein häufiges Kaufmotiv, Sehnsüchte in ihrer vielfältigen Form hingegen bestimmt.

Wenn man sich erst einmal darüber im Klaren ist, wie vielfältig die Zahl der Gefühle, der Handlungsmotive und wie unterschiedlich die Bedeutung und Gewichtung für den Einzelnen in dem jeweiligen konkreten Fall ist, dann wird auch deutlich, wie schwierig der Umgang mit Gefühlen ist.

Die Konsequenz daraus kann aber nicht lauten: „Finger weg von den Gefühlen!", sondern muss eindringlich dahin gehen, dass wir lernen, von klein auf, immer wieder aufs Neue, mit unseren Gefühlen und den Gefühlen anderer richtig umzugehen!

LoveSeller, liebe Leserin, lieber Leser, stellen sich dieser Chance, dieser Herausforderung mit Begeisterung!

7. Tabu: Sprachliche Ego-Trips

Smalltalk

Wie würden Sie einen Flirt beginnen? Mit dem gelungenen Satz: „Ich war jetzt auf Sylt!" Nach solch einem Einstieg ist doch jedes Gespräch zu Ende, weil kein Ansatz für eine Fortführung des Small-talks angeboten wird. Zugegeben, die Formulierung: „Kennen wir uns von Sylt?" ist auch keinen Deut besser, lässt aber immerhin noch eine Antwort zu, wahrscheinlich in der Form: „Nein, ich verkehre nicht in Jugendherbergen!"

Interesse wecken

Es ist völlig klar, dass jeder Mensch auf ein Gespräch nur dann eingeht, wenn es etwas mit Interessen zu tun hat. Kein Mensch der Welt hört Ihnen gerne zu, wenn es in diesem Gespräch nur um Ihre Interessen geht!

Stellen Sie sich vor, Sie stehen in einem Bekleidungsgeschäft vor einem Ständer mit Mänteln. Ein Verkäufer kommt dazu und spricht Sie mit der folgenden, unglücklichen Formulierung an: „Welche Größe haben wir denn?"

Tabu: Sprachliche Ego-Trips 2

Eine mögliche Antwort auf so eine Frage wäre vielleicht: „Ihre Größe ist mir unbekannt. Und was, bitte sehr hat Ihre Größe mit meiner zu tun? Benötigen Sie etwa auch einen Mantel?" Es geht in dieser Situation natürlich nicht um den Begriff Größe, sondern um das Wort Wir!

Die Frage lautet demnach: Welche Sprachform ist für ein Verkaufsgespräch optimal?

Die Sprache des Verkäufers drückt zum einen sehr deutlich seine Einstellung aus und zum anderen entscheidet sie über die Aufnahmebereitschaft des Kunden. Sie sind als Verkäufer dafür verantwortlich, dass der Kunde Ihnen zuhören kann! Sie haben dabei die Wahl: Sie können so mit Ihrem Kunden reden, dass der am liebsten weghören möchte, was er tatsächlich dann auch sehr schnell macht, oder aber Sie reden so, dass er sehr gerne mit Ihnen kommuniziert.

Mit der Sprache begeistern

Es wird Sie nicht überraschen zu erfahren, dass es im Verkaufsgespräch auf zwei Elemente ankommt, und zwar darauf,

Wie Sie was sagen

Was Sie sagen

und

Wie Sie es sagen.

Dazu sofort ein Beispiel. Bitte lesen Sie die beiden folgenden Sätze:

1. Satz:	2. Satz:
Ich schildere jetzt mal, wie man meiner Meinung nach heute Kunden informiert.	Es wird Sie interessieren, wie Sie Ihre Kunden informieren können.

Welcher dieser beiden Sätze wird von Ihnen eher als sympathisch empfunden? Richtig: der zweite Satz ist der angenehmere. Warum? Schauen Sie sich bitte den ersten Satz an. Wenn Sie die

2   *Die Kunst, Ihre Kunden zu motivieren*

Worte analysieren, dann werden Sie feststellen, dass hier nur aus der Sprachsicht des Autors gesprochen wird „Ich ..."! Ganz anders der zweite Satz. Hier geht es sprachlich eindeutig um Sie, die Leserin, den Leser. Das ist der entscheidende Unterschied!

Es geht um den Kunden

In der Konsequenz bedeutet das: Wenn die Sprache des Verkäufers ich-bezogen aufgebaut ist, haben die Kunden immer den Eindruck, dass es eigentlich überhaupt nicht um sie geht, sondern nur um den Verkäufer. Dieser Eindruck entsteht übrigens ganz schnell. Die Folgen sind fatal!

Die richtige Sprache?

Selbst wenn Sie kein Sprachwissenschaftler sind, werden Sie bei genauem Hinhören feststellen, dass die meisten Menschen sprachlich auf dem Ego-Trip sind. Und das trifft natürlich keineswegs allein auf die Kunden, sondern auch auf die meisten Verkäufer zu! Wer das nicht weiß, dieses Problem nicht erkennt, hat keine Chance, seine Sprache zu ändern.

Egoistische Formulierungen

Es gibt einen Messpegel für die Frage: „Spreche ich die richtige Sprache?" Die Antwort ist einfach und klar: Wenn Sie wissen oder das Gefühl haben, ein wirklich beliebter und sympathischer Mensch für Ihre Kunden zu sein, dann sprechen Sie wohl die Sprache, die ankommt. Meinen Sie hingegen, auf der Sympathieleiter noch längst nicht alle Sprossen erklommen zu haben, dann treffen Sie eine gute Entscheidung, die folgenden Beispiele egoistischer Formulierungen genau zu studieren:

- Ich fahre jetzt in mein Geschäft!
- Das sind meine Mitarbeiter!
- Letztes Jahr war ich mit meiner Familie in meinem Ferienhaus.
- Ich habe mit dieser Methode beste Erfahrungen gesammelt.
- Ich habe mir genau überlegt, welche meiner Maßnahmen da wirklich helfen.
- Das können Sie mir glauben, als Verkäufer habe ich einen Blick für so was.

Tabu: Sprachliche Ego-Trips 2

Selbst die häufige Formulierung „Ich liebe Dich!" ist falsch und verräterisch! Versuchen Sie einmal den Satz „Ich liebe Dich!" ganz laut auszusprechen. Das hört sich furchtbar an! Und es ändert nichts an dem Problem: ICH liebe Dich!

Wenn Sie einmal eine verblüffende Wirkung erzielen wollen, dann sagen Sie zu Ihrer Lebenspartnerin oder zu Ihrem Lebenspartner heute einmal: „DICH liebe ich!"

DICH liebe ich!

Es wird Sie überraschen, was passiert. Wenn Sie nicht so lange warten wollen, dann stellen Sie sich bitte vor, ein ganz lieber Mensch würde Ihnen in diesem Augenblick ins Ohr flüstern: „Dich liebe ich!" Tut das nicht gut?

Das Ziel erfolgreicher Kommunikation muss sein, im „Herzen" des anderen anzukommen. Genau das schaffen Sie mit der Idee des LoveSelling®, bei der nicht Sie, sondern Ihr Gegenüber die Hauptrolle spielt.

Im „Herzen" des anderen ankommen

Deshalb sollte das folgende griechische Sprichwort Ihr Sprachmotto werden:

> Man muss nicht unbedingt das Licht des
> anderen ausblasen,
> um das eigene leuchten zu lassen.

Es geht darum, den Kunden wirklich in den Mittelpunkt des eigenen Sprechens und Handelns zu stellen. Sie könnten Ihren Kunden hundertmal sagen: „Ich schätze Sie als meinen Kunden sehr!" Er wird es Ihnen nur schwer glauben können! Deshalb muss eine andere Sprache her!

Stellen Sie sich bitte darauf ein, dass für einen professionell argumentierenden Verkäufer die folgenden Worte zukünftig tabu sind:

Das ist tabu!

- ich
- mein
- mir
- mich

2 Die Kunst, Ihre Kunden zu motivieren

Immer dann, wenn Sie in Ihrer gewohnten Ego-Sprache diese Worte sagen wollen – STOP! Ersetzen Sie diese alten Worte durch die Begriffe SIE und/oder IHNEN.

Beispiele für Ego-Sprache

Ego-Sprache

Bisher, und leider falsch	Zukünftig und besser
Ich erkläre Ihnen mal die Funktion …	Sie öffnen das Gerät hier!
Ich schreibe Ihnen das mal auf …	Sie bekommen das schriftlich …
Meine Leute liefern eine gute Qualität.	Sie bekommen eine gute Qualität.
Mir können Sie sich doch anvertrauen!	Wo brauchen Sie Hilfe?
Mich können Sie alles fragen!	Wo drückt Sie der Schuh?
Na, wie geht's uns denn?	Wie geht es Ihnen?

Hören Sie, dass ein anderes, viel angenehmeres Klangbild zustande kommt? Und vielleicht haben Sie eben schon in Gedanken ausprobiert, wie das wohl in Ihrer Sprache klingen mag. Nur Mut! Hören Sie in sich hinein, um zu verstehen, weshalb Ihr Kunde sich zukünftig noch wohler fühlen wird!

Kommunikations-Killer

Ich-Formulierungen sind keineswegs die alleinigen Kommunikationskiller. Zu den weiteren Ego-Trip-Formulierungen gehören die Worte:

- wir
- uns
- unser

Tabu: Sprachliche Ego-Trips 2

Ein Negativ-Klassiker in der Gesprächsführung lautet: „Na, wie geht's uns denn?" Das Wort „uns" ist hier der Gesprächs-Killer! Fragen Sie doch „Wie geht es Ihnen?" und schon haben Sie gewonnen!

Ein weiteres praktisches Beispiel: Ein Verkäufer sagt zu Ihnen: „Das garantieren wir Ihnen!" Nun die Frage: „Wer ist WIR?" Die richtige Formulierung könnte als Beispiel lauten: „Die DEGUSSA garantiert Ihnen!" Es geht darum, aus dem diffusen Begriff „wir" etwas Konkretes, für den Kunden Nachvollziehbares zu machen. Deshalb verwenden LoveSeller statt des „Wir" den Namen des Unternehmens, das Sie als Verkäufer repräsentieren, oder Sie setzen sogar den eigenen Namen ein.

Werden Sie konkret!

An einigen praktischen Beispielen werden Sie erneut erfahren, wie der Sinn der jeweiligen Aussage erhalten bleibt, sich zugleich aber die Sympathiequalität erhöht.

Die Sympathiequalität erhöhen

Bisher, und leider falsch	Zukünftig und besser
Wir garantieren Ihnen …!	WELLA garantiert Ihnen …!
Uns hat die Entwicklung nicht überrascht!	Der Trainer Köhler hat das erahnt!
Unser Team ist bestens ausgebildet!	Das BHW-Team ist bestens ausgebildet!

Es gibt noch ein weiteres Thema, bei dem die Worte

- wir
- uns
- unser

eingesetzt werden – und dann leider die Wirkung verfehlen. Ein Beispiel:

2 Die Kunst, Ihre Kunden zu motivieren

Der Kunde sagt zu Ihnen:

„Das ist mir noch nicht alles klar!"

Sie antworten deshalb:

„Lassen Sie uns noch einmal alles in Ruhe überprüfen!"

Von der Absicht her ist diese Aussage in Ordnung, jedoch nicht optimal. Viel besser ist folgende Formulierung:

„Lassen Sie uns *gemeinsam* noch einmal alles in Ruhe überprüfen!"

Der Empfehlung lautet deshalb:

Gemeinsamkeiten finden

Wenn es vom Sinn her notwendig und möglich ist, dann verwenden Sie die Worte „wir", „uns", „unser" nur dann, wenn Sie das Wort gemeinsam nahtlos anhängen können. Also: „wir gemeinsam", „uns gemeinsam" oder „unser gemeinsames".

So entstehen dann folgende motivierende Sätze:

- „Wenn wir gemeinsam feststellen, dass diese Entscheidung richtig ist, dann …!"
- „Unser gemeinsames Ziel ist doch, Ihre Wettbewerbsfähigkeit zu erhöhen."
- „Gemeinsam haben wir die viel größere Chance, Ihre Ziele zu erreichen!"
- „Das Wella-Team verfolgt das gemeinsame Ziel: noch zufriedenere Kunden!"
- „Unsere gemeinsamen Kunden erhalten alle die Unbedenklichkeits-Garantie!"
- Jetzt sind es nur noch zwei weitere Worte, die Sie verändern müssen!

Überflüssiges vermeiden

Streichen Sie bitte aus Ihrem Sprachgebrauch die Worte „sicher" und „sicherlich" ersatzlos! Es handelt sich um Füll- und Ersatzworte, die zwar von der Absicht her immer Sicherheit verbreiten

Tabu: Sprachliche Ego-Trips 2

sollen, aber genau das Gegenteil bewirken! Fragen Sie sich doch bitte selber, wann wohl die Begriffe „sicher" und „sicherlich" eingesetzt werden. Immer dann, wenn man sich seiner Sache überhaupt nicht sicher ist! Der Versuch, die vorhandene Unsicherheit mit dem Wort „sicher" zu kaschieren, geht schief, die Wirkung verkehrt sich ins Gegenteil! So verräterisch kann Sprache sein!

Dann gibt es da noch ein kleines Wort ...

Das Wort „neu" als besonderes Produktmerkmal ist bei Konsum-Produkten, wie Mode, Nahrungs- und Waschmitteln sehr häufig anzutreffen. Dort hat es auch seine Berechtigung. Bei Investitionsgütern und anderen hochwertigen oder langlebigen Produkten und auch bei medizinischen Dienstleistungen allerdings nicht!

Prüfen Sie deshalb ganz genau, ob in Ihrem Umfeld als Verkäufer das Wort „neu" eingesetzt werden soll oder nicht. Einfache Probe: Zu Ihnen kommt ein Verkäufer und will Sie für ein neues Gerät interessieren. Er fragt: „Möchten Sie dieses neue Gerät X; Sie wären überhaupt der erste Kunde, der das kaufen könnte, oder möchten Sie lieber das tausendfach erprobte Gerät Y?" Wie würden Sie sich entscheiden? Sie entscheiden sich sehr wahrscheinlich für das „tausendfach" bewährte Gerät Y (natürlich nur unter der Voraussetzung, dass Sie sich keinen Nachteil einkaufen!).

Neu oder tausendfach bewährt?

Kunden haben keine Lust, als Versuchskaninchen eingesetzt zu werden. Das Wort „neu" ist in bestimmten Bereichen und Branchen tabu! Aber keine Sorge! Es gibt genügend alternative Formulierungen; hier sind einige Ideen:

Versuchskaninchen Kunde

Statt „neu" – eleganter und psychologisch kundengerechter sind folgende Adjektive:

Ungebraucht, unberührt, frisch, ungewohnt, fremd, unbekannt, anders, noch nie da gewesen, erstmalig, ungewöhnlich, originell, apart, eigenartig, unvergleichlich, belebt, wiederhergestellt, restauriert, aktuell, optimiert, verbessert, taufrisch

2
Die Kunst, Ihre Kunden zu motivieren

Wenn Sie diese professionellen Formulierungen in Ihrem Ohr erklingen lassen, spüren Sie selber, wie angenehm solche Sätze wirken. Dadurch schaffen Sie eine sehr wichtige Voraussetzung, mit der Sie das Verhalten von Menschen beeinflussen können: Sie schaffen ein vollkommen positiv besetztes Gesprächsklima. In diesem klimatischen Umfeld können Kunden viel leichter Ihre Ideen, Angebote oder Konzeptionen akzeptieren!

Im nächsten Abschnitt werden Sie wichtige Erkenntnisse über das Senden und Empfangen von Sprache sammeln …

8. Schau mir in die Augen, Kleines!

Wenige Sätze in der Filmgeschichte haben sich so eingeprägt wie der von Humphrey Bogart in dem Kultfilm „Casablanca". Eine altbekannte Sache: Verliebte schauen sich in die Augen – möglichst ganz tief! Und nun frage ich Sie: „Was suchen sie dort, und was glauben sie da zu sehen?"

Der Spiegel der Seele

Die Augen sind der Spiegel der Seele. Sagt man. Das mag so sein. Aber etwas anderes sind sie ganz bestimmt: die Augen sagen uns, *wie* jemand denkt und *woran* er denkt!

Und sie sagen uns, in welcher *Sinnsprache* wir ihn erreichen können!

Augenbewegung

Und das allerwichtigste ist, dass uns die Augen auch sagen, ob jemand schwindelt oder die Wahrheit sagt! Das ist der Grund, weshalb Verliebte sich so tief in die Augen schauen! Was Verliebte nicht wissen, allenfalls erahnen, ist: Nicht in der Tiefe der Augen liegt die Wahrheit, also die gesuchte Information, sondern in der Art ihrer Bewegungen!

Nun sollen Sie als LoveSeller Ihrem Kunden nicht so tief in die Augen schauen, bis ihm ganz schwindelig wird. Sie sollten aber über das Wissen und die Fähigkeiten verfügen, aus den Informa-

Schau mir in die Augen, Kleines! 2

tionen, die Sie durch den Blickkontakt mit Ihrem Gegenüber gewinnen, erfolgreiche Kommunikations-Strategien aufzubauen.

Verliebte schauen sich in die Augen, weil sie etwas von der Information *ahnen*, die dort liegt. LoveSeller schauen dem Kunden in die Augen, weil sie *wissen*, was sie dort sehen werden!

Zum Verständnis lade ich Sie zu einem kleinen Ausflug ein: Auf der Suche nach erfolgreichen Kommunikationsmustern wurden die Amerikaner John Grinder und Richard Bandler fündig. Sie untersuchten die Art und Weise und den Erfolg in der Kommunikation von ganz unterschiedlichen Menschen. Das Ergebnis ihrer Untersuchungen wird unter dem Sammelbegriff Neuro-Linguistisches-Programmieren zusammengefasst. In Kurzform NLP – vielleicht haben Sie von dieser Sache schon einmal gehört. NLP wird heute von Psychotherapeuten, Pädagogen, Ärzten und Heilpraktikern, Management- und Verkaufs-Trainern erfolgreich angewandt.

Neuro-Linguistisches-Programmieren

Im Zusammenhang mit diesem Buch möchte ich Ihnen hier nur zwei zentrale Erkenntnisse des NLP vorstellen, die Position der Augen und den Einsatz von Sinneskanälen.

Kann man Worte nur hören, Bilder nur sehen?

Zunächst eine kleine Geschichte. Stellen Sie sich folgende Szene vor: Sie haben als Verkäufer vier Kunden im Laufe eines Tages jeweils ein Geschenk verkauft. Jeder Kunde bittet Sie, dieses Geschenk einzupacken. Während Sie liebevoll die Schleifen binden, hören Sie die folgenden Aussagen:

Kunde 1: „Ich sehe meine Mutter schon vor mir, wie Sie beim Auspacken lacht!"

Kunde 2: „Ich höre meine Mutter schon vor Freude lachen!"

Kunde 3: „Bei diesem Geschenk habe ich ein gutes Gefühl. Das Herz meiner Mutter wird lachen!"

2 *Die Kunst, Ihre Kunden zu motivieren*

Kunde 4: „Diesmal habe ich mit dem Geschenk einen guten Riecher gehabt. Das ist genau der Geschmack meiner Mutter!"

Sind diese Aussagen von Kunden ungewöhnlich? Keineswegs. Und wenn man oberflächlich bleibt, dann ist so schnell ein Unterschied in den Aussagen auch nicht zu erkennen.

Sinnsprache

Je nach Art, vielleicht schauen Sie sich diese Sätze noch einmal an, oder Sie lassen diese Kundenaussagen vor Ihrem inneren Ohr erklingen, oder Sie fühlen sich noch einmal in diese Situation hinein. Ah – Sie merken schon, hier geht es um Sinnsprache!

Der Hintergrund bei dieser Geschichte ist folgender: gesunde Menschen können sehen, hören, fühlen und begreifen, riechen und schmecken.

Diese Sinnfähigkeiten sind allerdings unterschiedlich stark ausgeprägt. Manche Menschen können sich eben besonders gut etwas vorstellen, wieder andere haben kaum bildhafte Vorstellungsfähigkeiten. Bei den anderen Sinneskanälen ist es genauso. Auch hier gibt es unterschiedlich starke oder schwache Ausprägungen.

Jetzt kommt es zu einer ganz entscheidenden Aussage:

Sprache wendet sich nur technisch an das Ohr!

Der richtige Sinneskanal

Tatsächlich ist es so, dass alle Informationen, die gehört werden, zunächst auch mit dem Ohr empfangen werden, danach aber direkt mit einem weiteren Sinneskanal in Verbindung gebracht und über diesen verarbeitet, interpretiert und gewertet werden.

Diese Bevorzugung eines Sinneskanals betrifft sowohl den Sender einer Botschaft als auch den Empfänger.

Hier noch einmal die Aussagen dieser vier Kunden. Und jetzt wird der Sinneskanal hinzugefügt:

Schau mir in die Augen, Kleines! 2

Kunde 1: „Ich sehe meine Mutter schon vor mir, wie Sie beim Auspacken lacht!"

Kunde 1 bevorzugt den visuellen, den bildhaften Sinnkanal.

Kunde 2: „Ich höre meine Mutter schon vor Freude lachen!"

Kunde 2 fühlt sich im auditiven, dem Ton-Sinnkanal wohl.

Kunde 3: „Bei diesem Geschenk habe ich ein gutes Gefühl. Das Herz meiner Mutter wird lachen!"

Kunde 3 spricht aus dem kinästhetischen Bereich, dem fühlenden Sinnkanal.

Kunde 4: „Diesmal habe ich mit dem Geschenk einen guten Riecher gehabt. Das ist genau der Geschmack meiner Mutter!"

Kunde 4 verwendet eine Sprache aus dem olfaktorisch-gustatorischen Bereich, also dem Sinnkanal von Geruch und Geschmack.

An diesen vier Beispielen können Sie erkennen, dass es tatsächlich sehr leicht herauszuhören ist, welchen Sinneskanal ein Gesprächspartner für Senden und Empfangen bevorzugt.

Die Logik in diesem Kommunikationsmodell sagt nun Folgendes: Verwende exakt den Sinneskanal deines Kunden, über den dieser bevorzugt sendet oder empfängt. Wer dagegen verstößt, riskiert Missverständnisse.

2 Die Kunst, Ihre Kunden zu motivieren

Beispiele für Missverständnisse

Hören Sie gut hin

Der Kunde sagt:	Der Verkäufer antwortet, leider falsch:
„Das sieht gut aus!"	„Ja, fühlen Sie mal!"
„Das hört sich gut an!"	„Genau, das geht runter wie Öl!"
„Das fühlt sich gut an!"	„Es ist doch genau Ihr Geschmack!"
„Ich habe einen Riecher für gute Geschäfte!"	„Schaun wir mal, dann sehen wir schon!"

Jeder Verkäufer hat natürlich auch bevorzugte Sinneskanäle und verwendet besonders gerne bestimmte Sinnesworte.

Der passende Schlüssel

LoveSeller verwenden genau die Sinnesworte, die zum Sensus des Kunden passen. Es folgt eine kleine Übersicht von Formulierungen, die Ihnen helfen werden, zukünftig sehr schnell den Sinneskanal des Kunden zu erkennen und die dazugehörenden Sinnesworte zu verwenden.

Seh-Menschen bevorzugen visuelle Vokabeln
Das Motto: „Ein Bild sagt mehr als tausend Worte!"

Augen-Menschen

na klar	aus Ihrer Perspektive haben Sie Recht
das sieht gut aus	
ich sehe das ein	das scheint mir auch so
alles liegt im Dunkeln	man muss Weitblick haben
ich muss mir davon ein Bild machen	das sieht düster aus
	das ist unklar
jetzt geht mir ein Licht auf	hier zeigt sich

Schau mir in die Augen, Kleines! **2**

Ihr Gedanke ist einleuchtend

man darf den roten Faden nicht verlieren

manchmal sieht man den Wald vor lauter Bäumen nicht

es ist die helle Freude

Hör-Menschen bevorzugen auditive Vokabeln
Das Motto: „Wer nicht hören will, muss fühlen …!"

das klingt gut	der Ton macht die Musik	*Ohren-Menschen*
es stimmt	das hört sich vernünftig an	
und ich sage noch	tolle Stimmung hier	
da sagt der doch glatt zu mir	ich bestimme hier	
was soll das heißen	mein Vater hat das Sagen	
das spricht mich an	das ist nichts sagend	
ich kann das gutheißen	das ist der Knackpunkt	
es kommt auf die Zwischentöne an	das sind schrille Farben	
dem hab ich aber den Marsch geblasen	ich kann's schon nicht mehr hören	

Hand-Fühl-Menschen bevorzugen kinästhetische Vokabeln
Das Motto: „Tausend Mal berührt und jedes Mal ist es passiert!"

fühlt sich gut an	das haut mich um	*Hand-Fühl-Menschen*
macht einen guten Eindruck	das ist nicht zu fassen	
ich will das abwägen	ein gestandener Mann	
ich hab's nicht begriffen	eine wacklige Angelegenheit	
der ist völlig durchgedreht	das macht mir Bauchschmerzen	
da steh ich drauf		

2 Die Kunst, Ihre Kunden zu motivieren

mit beiden Beinen auf der Erde	das kriegen wir schon in den Griff
dem ist da was über die Leber gelaufen	ich will das hier deutlich zum Ausdruck bringen

Geschmacks-Menschen bevorzugen olfaktorisch/gustatorische Vokabeln
Das Motto: „Worte, die auf der Zunge zergehen!"

Den Geschmacksnerv aktivieren

der Vorschlag schmeckt mir nicht	nun seien Sie doch nicht gleich verschnupft
das stinkt zum Himmel	ein kleiner Wermutstropfen ist das allerdings
Ihr Angebot hat einen unangenehmen Beigeschmack	Sie wollen mir das wohl versüßen/versalzen
man muss für gute Geschäfte einen Riecher haben	an dem Gedanken könnte ich Geschmack finden
da wittert doch jeder Geschäftsmann Morgenluft	Ihr Angebot hat Würze.

Sinne schärfen

Es kommt darauf an, dass Sie Ihre eigenen Sinne schärfen, um schnell und sicher herauszuhören, welche Sinnesworte Ihr Kunde verwendet, damit Sie sofort mit einer entsprechenden verbalen Sinnesansprache aus Ihrem eigenen Repertoire an das Sinnes-Muster Ihres Kunden andocken können.

Die Reaktion Ihres Kunden? Ich verspreche Ihnen: Sie oder er werden wohlwollend, mit Sympathiegewinn reagieren. Denn Ihre Kunden erleben jetzt die Idealsituation: Sie kommunizieren mit einem Verkäufer auf der gleichen Wellenlänge! Und nichts anderes macht jedes Liebespaar – sie versuchen die gemeinsame Wellenlänge zu finden!

Wie Sie sehen, dass jemand hört **2**

Eine gemeinsame Wellenlänge setzt gemeinsame Interessengebiete voraus und im Idealfall auch gleiche Ansichten zu diesen Interessen. Mindestens so wichtig wie die gleiche Ansicht der Dinge ist auch die gleiche Art von Kommunikation, also die Auswahl von Sinneskanal für Sendung und Empfang von Kommunikationsbotschaften. Stimmen schließlich inhaltliche Aussage, die Sinneskanalwahl und der gemeinsame Appell in der Aussage überein, kommt es zum wohltuenden Gefühl der „gleichen Wellenlänge".

Die gleiche Wellenlänge

9. Wie Sie sehen, dass jemand hört

Sie werden sich fragen, wie Sie an jemandem sehen sollen, was er mit seinen Ohren wahrnimmt.

Tatsächlich: Sie können mit einem geschulten Auge und einer geschärften Beobachtungsgabe sehr wohl erkennen, wie Ihr Kunde hört. Sie erinnern sich: zu Beginn dieses Kapitels wurde gefragt, weshalb sich Verliebte so „tief" in die Augen sehen. Gleich folgt die Auflösung, doch zunächst drei Fragen, an Sie ganz persönlich:

Die Art des Hörens

- Frage 1:

    „Wenn Sie jetzt vom Buch hochschauen, was sehen Sie direkt vor sich?"

    Der Blick Ihrer Augen wird geradeaus gehen, Ihre Augen werden offen sein, und Sie verarbeiten alle Informationen jetzt, in der *Gegenwart*.

- Frage 2:

    „Welche Farbe hatte Ihr erstes Auto?"

    Sie werden jetzt innerlich zurückblicken müssen, denn diese Frage führt Ihre Gedanken in die Vergangenheit. Sie müssen sich *erinnern*.

2 *Die Kunst, Ihre Kunden zu motivieren*

- Frage 3:

    „Wo möchten Sie gerne Ihren Lebensabend verbringen?"

    Jetzt werden Ihre Gedanken in die Zukunft geführt. In der Fachsprache heißt das, Sie *konstruieren*.

In sich hineinsehen	Diese Fragen haben bei Ihnen jeweils einen Denkimpuls ausgelöst. Gleichzeitig ging ein Impuls an Ihre Augen. Was geschieht mit Ihren Augen? In dem Moment, in dem Sie sich erinnern, werden Ihre Augen für einen kurzen oder sogar längeren Augenblick nach links oben wandern – um dann relativ schnell in die Blickmitte zurückzukehren.
In die Zukunft sehen	Wenn Sie hingegen etwas konstruieren, also Zukünftiges denken sollen, gleiten Ihre Augen nach rechts oben.
In die Vergangenheit blicken	Wollen Sie sich zum Beispiel an die Stimme Ihres ersten Liebhabers oder an die Stimme Ihrer ersten Geliebten erinnern, werden Ihre Augen nach links, in den Augenwinkel, gehen. Oder: Wie klingt es eigentlich, wenn ein Eisberg von der Küste abbricht. Da Sie dieses Geräusch vielleicht noch nie gehört haben, werden Ihre Augen nach rechts – quer wandern.
Der Denkerblick	Wenn wir etwas fühlen, begreifen oder schmecken wollen, dann geht unser Blick nach unten rechts.

Und wenn Sie einen inneren Dialog führen, auf Ihre innere Stimme hören, dann gehen die Augen nach unten links.

Auf den nachfolgenden Grafiken sehen Sie die Augen Ihres Kunden in den verschiedenen Situationen.

Wie Sie sehen, dass jemand hört 2

Ve = visuelle erinnerte Vorstellungen

Ihr Kunde sieht jetzt Bilder aus seiner Erinnerung heraus. Bleiben Sie bitte unbedingt in der Bildersprache. Je nach Gesprächssituation sollten Sie ihn auch in der Vergangenheit lassen. Wenn es für den Gesprächsverlauf sinnvoll ist, dann führen Sie Ihren Gesprächspartner über den Satz: „Erinnern Sie sich noch …?" in die Vergangenheit zurück.

Erinnerungen werden wach

Vk = visuelle konstruierte Vorstellungen

Wenn Sie diese Augenstellung bei Ihrem Gesprächspartner beobachten, dann gehen Sie bitte davon aus, dass dieser jetzt ein Bild konstruiert. Das, was Ihr Kunde jetzt sieht, spielt sich in der Zukunft ab. Sie können diesen Impuls auslösen mit der Formulierung: „Stellen Sie sich bitte einmal vor, wie Sie zukünftig …!"

Bilder entstehen

Ae = auditive erinnerte Worte, Klänge oder Geräusche

Diese Augenstellung, auch wenn sie nur sekundenschnell zu beobachten ist, sagt Ihnen, dass Ihr Gesprächspartner in seine Vergangenheit zurückhört. Das können mahnende Stimmen sein, ein froher Klang oder v. a. m. Wichtig ist auch hier, bleiben Sie bei der Wortwahl in der Gehörsinn-Sprache.

Geräusche kommen zurück

2 Die Kunst, Ihre Kunden zu motivieren

Stimmen erklingen

Ak = auditive konstruierte Worte oder Klänge

Der Blick in diese Richtung sagt Ihnen eindeutig, dass Ihr Kunde jetzt hört, was in der Zukunft geschehen soll. Vielleicht hört er jetzt die begeisterten Worte des Lebenspartners hinsichtlich einer gelungenen Überraschung.

Geduldig sein

Id = innerer Dialog

Wenn die Augen in diese Richtung weisen – haben Sie Geduld! Es ist gut möglich, dass Ihr Kunde jetzt mit sich in einem Zwiegespräch verweilt, um Ihr Angebot oder Ihre Idee zu überprüfen. Diesen Dialog sollten Sie keinesfalls stören. Wenn das Gespräch es sinnvoll erscheinen lässt, dann können Sie, nachdem der Kunde Sie wieder ansieht, ihn fragen, ob es noch einen Punkt gibt, den er gerne klären möchte. Mehr nicht!

Empfindungen bieten

K = kinästhetische Empfindungen

Ein Gefühl, ein Geruch oder auch ein Geschmack werden jetzt überprüft. Manchmal können Sie zusätzlich beobachten, wie die Zungenspitze des Kunden ein Argument prüft. Sie sehen, ob Ihr Vorschlag schmeckt. Achtung: auch hier sind Geduld und Fingerspitzengefühl gefordert.

Die Sogkraft des Lobes **2**

Wenn Sie sehen, dass der Kunde durch Sie hindurchsieht, dann ist auch das ein Hinweis auf die Aktivierung des visuellen Kanals. Also ist die Bildersprache gefordert.

Sie verfügen jetzt über zwei Informationskanäle, die Ihnen wertvolle Hilfestellung dabei geben, wie Sie optimal mit Ihrem Kunden kommunizieren können.

So können Sie auf Anhieb sehen, welchen Sinneskanal Ihr Kunde bevorzugt. Das setzt ein fleißiges Üben voraus. Doch Sie werden sehen, wenn Sie sich bewusst darauf konzentrieren, wird es mit jedem Tag besser gehen.

Übung macht den Meister

Sie können zudem hören, welchen Sinneskanal Ihr Kunde gewählt hat. Auch hier erreichen Sie mit fleißigem Üben alles. Nur Mut! Sie glauben gar nicht, wie schön und problemlos zukünftige Verkaufsgespräche durch Sie gestaltet werden. Und wie positiv Ihre Kunden darauf reagieren, verstanden zu werden! Daher der Rat: Erkennen und akzeptieren Sie die Sinneskanal-Wahl Ihres Kunden. Das ist LoveSelling® pur!

Erfolg stellt sich ein

Im nächsten Kapitel lernen Sie eine Technik kennen, mit der Sie Ihre Sympathiekurve weiter dramatisch nach oben führen werden …!

10. Die Sogkraft des Lobes

Wenige Dinge üben auf Menschen eine so große Anziehungskraft aus, wie das direkt ausgesprochene Lob. Für die gesunde und glückliche Seele gilt: jeder Mensch benötigt jeden Tag sieben Streicheleinheiten!

7x täglich

Wenn diese Behauptung stimmt, dann halten Sie sich bitte nicht zurück, sondern geben Sie ihm diese Streicheleinheiten! Aus einem einfachen Grund: Wenn die Menschen in Ihrer Umgebung, also Ihre Kunden, Ihre Kollegen und auch Ihre Familie, die so sehnsüchtig erwartete Anerkennung nicht direkt von Ihnen bekom-

Sparen Sie nicht mit Lob

2 *Die Kunst, Ihre Kunden zu motivieren*

men, werden sie sich woanders hinwenden, um sich ihr Lob zu holen. Die Mitarbeiter werden Sie verlassen, egal mit welcher Begründung, Kunden werden abwandern, und auch Ihre Familie wird sich anderen Themen zuwenden.

Elegante Beeinflussung

Glauben Sie, dass ein Mensch sein Verhalten ändert, wenn man ihn auf das Übelste beschimpft? Verhaltensbeeinflussung geht über ein Lob viel eleganter. Wenn Sie diesem Punkt zustimmen, dann benötigen Sie eigentlich nur ein entsprechend funktionierendes Instrument, um Ihre Kunden loben zu können.

Die Lösung dieses Problems ist einfach und funktioniert wie ein Perpetuum Mobile: Ab heute werden Sie jede Frage, die Ihnen gestellt wird, mit einem kleinen, vorangestellten Lob beantworten!

Fishing for Compliments

Bedenken Sie bitte: 70 % aller Fragen, die ein Kunde an Sie richtet, stellt er nur, weil er von Ihnen gelobt werden will! Er ist zunächst gar nicht an der Antwort interessiert!

Wenn Sie zukünftig Menschen dafür loben, dass sie Ihnen Fragen stellen, dann achten Sie bitte darauf, dass das Lob wohldosiert ist! Bitte, vermeiden Sie jede Übertreibung!

Vorsicht vor Routine und Übertreibung

Die Gefahr lauert an einer anderen Ecke: Sie besteht darin, dass dieses Lob zur routinierten Floskel verkommt! Verfallen Sie deshalb nicht in Lobhudelei oder falsche Schmeichelei! Ihre Kunden haben eine feine Antenne dafür! Erhalten Sie sich unbedingt Ihre Kreativität darin, bei anderen Menschen nach der Möglichkeit zu suchen, Sie zu loben!

Routinierte Floskeln sind für jede Liebesbeziehung und natürlich auch für jede Kunden-Verkäufer-Beziehung absolut tödlich! Love-Selling®Verkäufer beherzigen das!

Lob ja, aber wohldosiert

Einige praktische Gesprächsbeispiele zwischen Kunde und Verkäufer zeigen Ihnen, wie Sie die Methode, vor der eigentlichen Antwort ein entsprechend kleines und angepasstes Lob anzubringen, erfolgreich umsetzen.

Die Sogkraft des Lobes 2

K: „Wie spät ist es?"

V: *„Gerne*, halb zehn!"

K: „Können Sie mir dieses Gerät erklären?"

V: *„Natürlich*, welches Detail interessiert Sie besonders?"

K: „Hat dieser (Gebraucht)Wagen einen Airbag?"

V: *„Gut, dass Sie danach fragen!* Dieses Auto hat einen Airbag auf der Fahrerseite!"

K: „Arbeiten Sie auch nach der xy-Methode?"

V: *„Prima*, Sie haben sich ja bereits informiert!"

K: „Was mache ich denn, …?"

V: *„Gut, dass Sie daran denken!* In diesem Fall benutzen Sie direkt die Hotline!"

K: „Wann soll ich damit zur Inspektion kommen?"

V: *„Richtig!* Den Termin können Sie jetzt schon reservieren!"

K: „Kann man das denn noch reparieren?"

V: *„Genau* dafür ist die Garantiekarte gedacht!"

K: „Was kostet das denn?"

V: *„Gut, dass Sie diese Frage jetzt stellen!* Wenn dieser Punkt nicht umfassend geklärt wird, könnten Sie diesem Konzept auch gar nicht zustimmen, richtig?"

Da die Kunden aller Leser dieses Buches unendlich viele Fragen stellen, ist es unmöglich, für jede, aber auch wirklich jede Branche auch nur ein einziges passendes Beispiel anzuführen. Finden Sie also bitte selber heraus, wie Sie Ihre Kunden so loben können, dass diese sich wohlfühlen, ohne Ihre anerkennenden Äußerungen zu spüren.

Die persönliche Note

2 Die Kunst, Ihre Kunden zu motivieren

Wer mich nicht liebt, der hasst mich

Zum Abschluss dieses Kapitels folgender Merksatz: Wenn der Mensch seine lebensnotwendigen Streicheleinheiten nicht freiwillig bekommt, holt er sich seine Form der Anerkennung durch aggressives Verhalten! Frei nach dem Motto: Wenn Ihr mich schon nicht lieben könnt, dann sollt Ihr mich wenigstens hassen!"

Kunden freundlich loben

Vergessen Sie nie, dass unbequeme Kunden in Wirklichkeit nur deshalb so nervig, so anstrengend, so ungerecht und überzogen fordernd sind, weil diese Kunden ihre notwendige Anerkennung schon lange nicht mehr freiwillig bekommen haben. Wenn Sie das LoveSelling® perfekt beherrschen, dann werden aus den unhöflichsten und unverschämtesten Kunden Ihre besten Stammkunden! Und sie werden Sie lieben!

So ausgerüstet, können Sie sich jetzt mit Freude dem nächsten wichtigen Thema stellen. Es geht um den ...

11. Fahrplan für ein erfolgreiches Gespräch

Mit Theorie in die Praxis

Kennen Sie den Unterschied zwischen Theorie und Praxis? Die Theorie ist die Landkarte und die Praxis ist die Landschaft! So eine Landkarte ist übrigens sehr praktisch, um sich in einer Landschaft zurechtzufinden. Genauso verhält es sich mit einem Verkaufsgespräch – auch reine Praxis. Und dennoch ist es notwendig und hilfreich, wenn Sie eine „Landkarte" haben, um sich in einer Verkaufssituation gut zurechtzufinden.

Unabhängig von der Ausgangssituation, ob der Kunde nun zu Ihnen kommt oder Sie den Kunden besuchen, läuft das Verkaufsgespräch in insgesamt 5 Phasen ab.

Angenommen, man könnte ein klassisches Verkaufsgespräch bildlich darstellen, dann würde das etwa so aussehen:

Fahrplan für ein erfolgreiches Gespräch 2

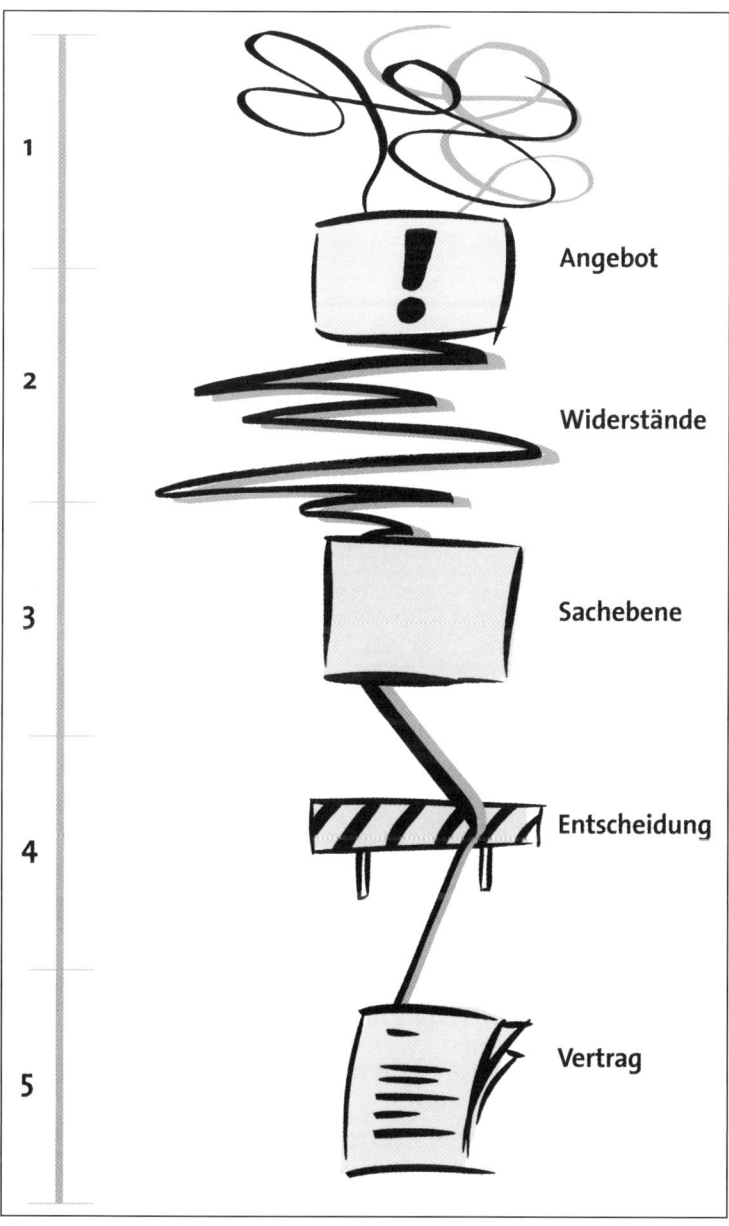

2 Die Kunst, Ihre Kunden zu motivieren

1. Phase:

Einstieg mit Gefühl

Zu Beginn kann schnell ein sprachliches Durcheinander entstehen; man fällt sich ins Wort, hört noch nicht richtig zu. Vielleicht sieht man sich zum ersten Mal. Die Gesprächspartner kennen das mögliche Ziel des Gesprächs, bisherige Erfahrungen werden aktiviert. Und wenn Sie sich vorstellen, wie schnell sich negative Erlebnisse in den Vordergrund schieben, dann verstehen Sie auch, weshalb viele Menschen ein Verkaufsgespräch als belastend empfinden. Deshalb ist es notwendig, in diese Phase sehr bewusst einzusteigen und das Gespräch zu führen. Gleichzeitig akzeptieren Sie bitte, dass Ihr Kunde in dieser Phase manchmal auch Dinge anspricht, die später nicht entscheidungsrelevant sind.

2. Phase

Kurzer Rückzug

Es ist möglich, dass bei sehr direkter Präsentation Ihres Vorschlages sofort einige starke Vorbehalte kommen. Wenn Sie diese Hürde mit der richtigen Technik (Die sieben Gründe für das Nein des Kunden, S. 124 ff.) genommen haben, dann beginnt die

3. Phase:

Fakten präsentieren

Jetzt kommt es zum Sachgespräch. Fakten und Informationen werden ausgetauscht. Hier sind Sie als Fachmann sowieso unschlagbar. Jetzt kommt es allerdings darauf an, dass Sie die Fähigkeit haben, die Sachleistung Ihres Produktes oder Ihrer Dienstleistung anders darzustellen als andere.

- Anders als andere!
- Besser als andere!
- Aufregender als andere!

Fahrplan für ein erfolgreiches Gespräch 2

Das Beste, was Sie hier ins Feld führen können, heißt abgekürzt EVA

Einzigartiger

Verkaufender

Anspruch

oder USP (Unique selling proposition). Es handelt sich hierbei um den entscheidenden Grund oder Impuls für einen Kunden, genau diese Ware oder Leistung erwerben zu wollen!

Der entscheidende Impuls

Hat ein Produkt keinen USP, dann sucht der Kunde in jedem Fall im Sachgespräch nach dem Vorteil im Verhältnis zu einem Konkurrenzprodukt. Ist der Vorteil nicht offensichtlich, so geht die Suche in Richtung Nutzen oder Zusatznutzen. Ist da auch nichts zu finden, wird nach Unterschiedlichkeiten gesucht. Ist auch diese Suche erfolglos, bleibt nur der Preis!

Wer keine Vorteile bietet, muss im Preis nachgeben!

4. Phase:

In dieser Phase, also nach dem Sachgespräch, kann es zur Konfrontation mit dem Haupt-Widerstand kommen. Sie müssen damit rechnen, dass der Kunde jetzt die Bedenken gegen den Kauf äußern wird, von deren schlüssiger Beantwortung die Kaufentscheidung letztlich abhängt. Zwei Dinge können Sie hier vorbereitend unternehmen:

Der größte Widerstand

1. Je nach Argumentationsstrategie sollten Sie jetzt noch ein wirkliches Hauptargument parat haben.
2. Versuchen Sie aus den Widerständen des Kunden eine Leiter zu bauen, mit deren Hilfe er über die letzte Hürde steigen kann.

Sind auch die letzten Bedenken für den Kunden schlüssig und überzeugend aufgeklärt, muss es zum logischen 5. Schritt kommen.

2 Die Kunst, Ihre Kunden zu motivieren

Erfolgreicher Abschluss?

5. Phase:

Jedes Gespräch, also auch jedes Verkaufsgespräch, verlangt nach einem Abschluss. Wenn Sie so wollen: A wie Abschluss oder Auftrag. Oder V wie Vertrag oder Vereinbarung. Natürlich liegt jedem Verkaufsgespräch die Idee des Auftrages zugrunde. Dennoch, es gibt Gespräche oder Verhandlungen, die nicht zum Ziel führen. Die Gesprächspartner müssen sich das dann auch eingestehen: „Dieses Mal haben wir keine gemeinsame Basis für einen Abschluss gefunden." Auch das folgende Gesprächsende ist vorstellbar. „Der Auftrag ist weg, Herr Kunde. Dieses Mal ging er an die Konkurrenz – einverstanden – jedoch unsere Beziehung bleibt bestehen, wir bleiben im Gespräch, bei der nächsten Chance wird neu verhandelt!"

Nun liegt es in Ihrer Hand, wie dieses Gespräch tatsächlich abläuft.

Die entscheidende Voraussetzung – wie bei einem Flirt

Der Kunde ist Sieger

Sie müssen wollen, dass Ihr Kunde der Sieger dieses Gesprächs wird. Gelingt Ihnen diese Selbst-Überzeugung – dann haben Sie alles erreicht! Dazu sollten Sie sich selber immer wieder klar machen:

- Der Kunde sucht meine Nähe, weil er meine Kompetenz schätzt!
- Ich werde das Gespräch so führen, dass er sich sicher fühlt!
- Ich weiß, dass der Kunde meinen Vorschlag akzeptiert!
- Wir werden gemeinsam die Aufgabe erfolgreich lösen!

Auch wenn Sie jetzt vielleicht schmunzeln mögen: Bevor Sie mit Ihrem nächsten Kunden ein Verkaufsgespräch führen, lesen Sie sich diese vier Zeilen laut vor!

Was du nicht sagst **2**

12. Was du nicht sagst

Wenn ein Liebespaar miteinander redet, dann geschieht dabei mehr als nur das Vermitteln einer Aussage. Es ist sogar ausgesprochen spannend, was da in einem einzigen Satz alles gesagt wird!

Alles in einem Satz

„Du bist mein Schatz!" soll der Mustersatz für die folgende Betrachtung sein. Für ein Gespräch werden zunächst immer drei Dinge benötigt: ein Sender, eine Nachricht und ein Empfänger. Das Überraschende ist, dass nun der Satz der Nachricht sehr vielfältig betrachtet werden kann.

Das wissenschaftliche Fundament für die folgenden Gedanken lieferte Prof. Dr. Friedemann Schulz von Thun mit seinem Standardwerk „Miteinander reden".

In jedem Gespräch werden demnach vier Gesprächsebenen unterschieden.

Der Sachinhalt

Jede Nachricht enthält eine Aussage im Charakter einer Information, das, worüber informiert wird. Beim Mustersatz „Du bist mein Schatz!" ist die Aussage: „Du", also eine ganz konkrete Person, „bist mein", besitzanzeigendes Fürwort, „Schatz", etwas Wertvolles.

Was der Partner sagt ...

Die Selbstoffenbarung

Mit dieser Phrase sagt natürlich der Sender auch etwas über sich selbst aus. Mit dem Satz: „Du bist mein Schatz!" gesteht jemand seine Art von Liebe und Zuneigung. Wenn das z. B. ein achtjähriger Junge zu einem gleichaltrigen Mädchen sagt, fangen vielleicht beide zu kichern an. Acht Jahre später bedeutet dieser Satz für den Sender etwas völlig anderes. Und vielleicht noch einmal acht Jahre

Was er eigentlich meint ...

2   *Die Kunst, Ihre Kunden zu motivieren*

später offenbart der Sender damit Heiratsabsichten. Diese Art der Selbstoffenbarung hat durchaus auch etwas Enthüllendes und sagt darüber hinaus etwas über die Selbstdarstellung aus.

Die Beziehungs-Aussage

Welche Beziehung er sich vorstellt ...

Der Satz „Du bist mein Schatz!" verdeutlicht die Beziehung von Sender und Empfänger. Zu vermuten ist, dass zumindest der Sender hofft, dass es sich um eine Liebesbeziehung handelt. Möglich wäre aber auch, dass das Ganze erst der Beginn einer Liebe ist, die noch auf Gegenliebe hofft. Oder aber durch den Tonfall wird klar, dass diese Aussage für beide ein geklärter, akzeptierter und durch nichts mehr umzukehrender gemeinsamer Standpunkt ist.

Der Appell

Warum er das sagt ...

Fast keine Aussage wird „nur so" gesagt. Weshalb sollte jemand einfach so zu einem anderen Menschen sagen: „Du bist mein Schatz!"? Würde das nur so dahin gesagt, wäre der Satz Ausdruck völliger Gleichgültigkeit. Alle anderen Positionen zwischen Sender und Empfänger würden sich ändern.

Zurück zu der Aussage: „Du bist mein Schatz!" Der Appell könnte in die Richtung gehen „Sag mir bitte auch so etwas Schönes!" oder „Bitte gib mir einen Kuss!" Er könnte aber auch als Ankündigung verstanden werden, dass jetzt vom Sender, allein bestimmt, ein Kuss auf die Reise geschickt wird.

Dieses Viererpaket von Sachinhalt, Selbstoffenbarung, Beziehungsaussage und Appell wird immer mit jeder Aussage, ob nichtsprachlich oder sprachlich, deutlich.

Natürlich gilt dieses Modell auch für jedes Verkaufsgespräch!

Was du nicht sagst — 2

Der Sachinhalt

Obwohl der Sachinhalt nur einen sehr geringen Teil ausmacht – in Bezug auf die Entscheidungs-Dimension wohl nur 5% – sollte dieser immer im Vordergrund eines Gesprächs stehen.

LoveSeller kennen die Schwäche einer Sache und wenden sich daher immer dem Sachbereich zu, der den schnellsten Zugang zu den Emotionen ermöglicht. LoveSeller wissen, der Kunde will keine Sache, er will immer einen Wunsch erfüllt haben.

Was der Kunde sucht …

Die Selbstoffenbarung

In jedem Verkaufsgespräch „erzählen" Sender und Empfänger etwas über sich. Nicht immer ist das beabsichtigt und schon gar nicht gewünscht oder nützlich. Es ist zunächst einmal Fakt. Achten Sie bitte verstärkt auf die Selbstoffenbarungen Ihres Gegenüber. Sie können so viele Dinge erfahren …

LoveSeller sind mutig genug, die eigenen Selbstoffenbarungen zuzulassen. Es hat keinen Sinn, sich hinter einer Fassade verstecken zu wollen.

Wie er sich fühlt …

Die Beziehungs-Aussage

Natürlich stehen Verkaufer und Kunde in einer Beziehung zueinander. Und beide signalisieren die ganze Bandbreite menschlicher Beziehungen. Wer wünscht sich nicht von Herzen, mit allen Menschen gut auszukommen? Doch die Wirklichkeit kann manchmal fürchterlich anders aussehen.

Erfolgreiche LoveSeller sind wahre Künstler im Gestalten von Beziehungen! LoveSeller lösen keine Probleme für den Kunden, sie gestalten Beziehungen!

Was er vom Verkäufer erwartet …

2 Die Kunst, Ihre Kunden zu motivieren

Der Appell

Was er sich wünscht

Es ist nicht überraschend, dass in einem Verkaufsgespräch der Appell das am stärksten betonte Kommunikationselement ist. Der Verkäufer appelliert ständig an den Kunden, seinen Wünschen nachzugeben, während der Kunde an den Verkäufer appelliert, doch seine eingeschränkten finanziellen Möglichkeiten zu berücksichtigen. Die Spielarten in diesem Themenkomplex sind so facettenreich wie Wassertropfen in einem Fluss. Doch:

LoveSeller arbeiten nicht mit dem Appell: „Nun geben Sie Ihrem Herzen mal einen Stoß, greifen Sie zu, seien Sie doch nicht so kleinlich!" LoveSeller finden den Selbst-Appell des Kunden heraus! Meisterhaftes Verkaufen heißt, die geheimsten Wünsche und Ängste des Kunden herauszufinden und in Einklang mit dem Warenangebot des Verkäufers zu bringen.

Gemeinsam zum Ziel

Liebe ist die starke Kraft, eigene Wünsche und Ängste mit den Wünschen und Ängsten eines anderen Menschen so zu harmonisieren, dass ein gemeinsames, auf die Zukunft ausgerichtetes Wollen entsteht – das ist LoveSelling®!

Emotionales Verkaufen   3

1. What a wonderful world 110
2. Lassen Sie Ihren Kunden wählen .. 112
3. Durch Fragen verführen 116
4. Nein und nochmals Nein! 121

1. What a wonderful world

Die Realität: Unangenehm und kalt

Machen Sie sich mit einem ganz besonderen Phänomen vertraut: Es lebt sich schlecht in der Realität! Im Ernst – seit Menschengedenken war es schon immer eine harte Sache, in der Realität zu leben. Bei den Neandertalern bestand die Gefahr, während der Mammutjagd erschlagen zu werden, im Römischen Reich herrschte die Willkür intriganter Kaiser, im Mittelalter setzten Hunger und Pest den Menschen zu. Und heute?

Wenn wir die Welt absolut real betrachteten, dann sähen wir ständig ein Horrorbild vor uns. Machen Sie sich einmal die tagtägliche Nachrichtenlage klar: Hungersnöte, Bürgerkriege mitten in Europa, Umweltbelastungen, die die Menschheit in ihrer Existenz bedrohen, Klimaveränderungen, die noch längst nicht ihr wahres Gesicht gezeigt haben, Stellenabbau selbst bei international renommierten Firmen und so weiter. Jede neue „Tagesschau" lässt uns die Liste beliebig erweitern.

Überleben im Horror

Es ist eigentlich sehr verwunderlich, dass die Menschen trotzdem noch lachen! Müssten nicht schon längst tiefste Depression und Verzweiflung um sich gegriffen haben? Wäre es eigentlich erstaunlich, wenn sich die Menschheit bei so einer Realität schon längst aufgegeben hätte? Wie schaffen es die Menschen, seit Beginn ihrer Existenz mit den so bedrohlichen Lebensumständen umzugehen?

Psychotrick Scheinwelt

Die Antwort ist verblüffend. Um mit der jeweiligen Realität fertig werden zu können, haben die Menschen rechtzeitig die psychologische Fähigkeit entwickelt, in einer Scheinwelt zu leben, in die sie sich täglich mehrmals versetzen.

Sie zweifeln? Hören Sie sich einmal die folgenden Sätze an:

- „Wenn ich erst einmal das erledigt habe, dann werde ich …!"
- „Wenn ich in Pension gehe, dann beginne ich zu malen …!"

What a wonderful world 3

- „Wenn ich das Abi geschafft habe, dann werde ich endlich …!"
- „Wenn ich endlich den neuen Job habe, dann …!"

Mit der Satzkombination „Wenn … dann!" weichen die Menschen täglich mehrmals in eine hypothetische Welt aus. In dieser Welt gibt es die realen Probleme nicht, dort ist es angenehm zu leben. Und was ganz wichtig ist: Alle Menschen beherrschen diese Fähigkeit des hypothetischen Denkens!

Hypothetische Welten

Deshalb machen sich erfahrene Kommunikatoren diese Fähigkeit der Menschen zunutze. Sie müssen nur das richtige „Funksignal" verwenden, und Ihr Kunde befindet sich in einer hypothetischen Welt. Dort kann er dann in Ruhe Ihren Vorschlag prüfen, denn Sie reden mit ihm ja im „Nicht-Wahrscheinlichkeitsfall" – Sie gehen von einer Scheinannahme aus – und in der Welt der Scheinannahmen kennt sich Ihr Kunde aus!

Schöne, neue Verkaufswelt

Hier haben Sie wieder die Analogie zu einem Liebespaar, das sich immer eine gemeinsame glückliche Zukunft ausmalt.

Um in diese phantastische Welt der hypothetischen Annahmen zu kommen, werden ganz bestimmte Sprachsignale verwendet. Das hört sich dann so an:

- *Stellen Sie sich einmal vor*, es gäbe die Möglichkeit …!
- *Nur einmal angenommen*, es würde sich herausstellen …!
- Wenn Sie dann begeistert feststellen, *nur so in den Raum gestellt*, dass Ihre Erwartungen erfüllt werden …!
- *Angenommen – das ist jetzt nur so ein Gedanke –* dass auch in Ihrem Fall die wirtschaftlichste Lösung die beste wäre …!

Durch solche Sprachsignale aktivieren Sie Ihren Kunden, im hypothetischen Fall über zukünftige Dinge nachzudenken. Ihre Aufforderung, im Nicht-Wahrscheinlichkeitsfall Ihre Vorschläge zu überprüfen, nimmt der Kunde gerne an, denn er kennt sich auf diesem Gebiet gut aus – schließlich bewegt er sich mehrmals täglich in dieser Welt!

Daheim im Konjunktiv

3 *Emotionales Verkaufen*

Zurück zur „Erde"

Jetzt gibt es noch eine kleine Hürde, über die Ihr Kunde muss. Sie haben ihn nun dazu gebracht, in seiner Hypo-Welt zu denken und zu träumen. Nun soll es aber wieder zurückgehen in die Realität. Und Sie können jetzt nicht auf einmal sagen: „Jetzt mal im Ernst, war alles nur Spaß!" Wie Sie das als LoveSeller richtig machen, ist das Thema im nächsten Kapitel.

2. Lassen Sie Ihren Kunden wählen

Stellen Sie sich folgende Situation vor: Sie sind bei Ihrem Zahnarzt, und dieser eröffnet Ihnen nach einer Untersuchung Knall auf Fall: „Sie haben keine Wahl – der Zahn muss raus!" Können Sie sich vorstellen, dass bei diesem Satz jeder Patient erschrickt und der Gesichtsausdruck nur noch ein Wort kennt: Unglück! Hier helfen weder Einsicht noch die beeindruckende Realität des Schmerzes – der Kummer liegt in der Aussage: „Sie haben keine Wahl!"

Wahlfreiheit ermöglichen

Wirkliches Freiheitsgefühl ist immer direkt damit verbunden, eine Wahl zu haben. Unsere Abneigung gegen Fremdbestimmung ist riesengroß. Überlegen Sie einmal, wie Sie sich selber fühlen, wenn Ihnen die Wahl genommen ist:

Wahl des Studienplatzes?

Wahl des Arbeitsplatzes?

Wahl des Wohnortes?

Vielleicht fällt Ihnen bei diesen drei Begriffen ein, dass wegen Nichterfüllung dieser Wahlfreiheiten eine Revolution in Deutschland stattfand. 1989 – das ist noch gar nicht so lange her! Einparteiensysteme sind eben keine „Aus-Wahlen" sondern Zustimmungsveranstaltungen.

Es ist ein besonderes Menschenglück, die Freiheit der Wahl, also auch die Freiheit der Entscheidung zu haben. Und Wahl setzt immer Aus-Wahl voraus.

Lassen Sie Ihren Kunden wählen — 3

Deshalb gilt für die Abschlussphase eines Verkaufsgesprächs die grundsätzliche Forderung:

Ermöglichen Sie Ihren Kunden immer eine Auswahl!

Nun kann Ihr erster Gedanke sein: Das ist aber nicht immer möglich! Einverstanden. Deshalb zunächst folgender Vorschlag: Bevor Sie diese Chance ungenützt verstreichen lassen, wird Ihnen die Vielfältigkeit dieser Idee vorgestellt.

Eine Auswahl bieten ...

Zunächst soll eine kleine Geschichte helfen, das Prinzip der Wahl zu verdeutlichen, so wie es von Kommunikationsprofis verstanden und eingesetzt wird.

Stellen Sie sich bitte folgende Geschichte vor: Ein Ehepaar betritt am Sonntag ein Café. Sie nehmen Platz, der Ober kommt und fragt: „Was darf es sein?" Nach kurzer Absprache unter den Eheleuten bestellt der Mann zwei Portionen Kaffee und fragt „Welchen Kuchen haben Sie heute?" Der Ober antwortet: „Erdbeerkuchen – ist heute ganz frisch!" Daraufhin wird die Bestellung um zwei Stück Erdbeertorte erweitert. Nun kommt die Frage des Obers: „Mit Sahne?" Daraufhin antwortet die Ehefrau: „Nein, danke!"

Resultat: Verkauft wurden zwei Portionen Kaffee und zwei Stück Erdbeerkuchen.

Lassen wir die Geschichte noch einmal ablaufen, doch dieses Mal mit einer Wahlmöglichkeit. Also: Ein Ehepaar betritt am Sonntag ein Café. Sie nehmen Platz, der Ober kommt und fragt: „Was darf es sein?" Wie gehabt, der Mann bestellt zwei Portionen Kaffee und fragt: „Welchen Kuchen haben Sie heute?" Der Ober antwortet: „Käsetorte und Erdbeerkuchen." Daraufhin wird die Bestellung um zwei Stück Erdbeertorte erweitert. Nun kommt die Frage des Obers. Doch jetzt wählt er eine andere Formulierung. Er fragt: „Möchten Sie dazu zuckersüßen Schlagrahm wie bei Großmuttern oder die leichte Diät-Sahne?" Daraufhin antwortet die Ehefrau kurz entschlossen: „Wir nehmen die leichte Diät-Sahne!"

... ist immer möglich!

Alternativfrage stellen

3 Emotionales Verkaufen

Resultat: verkauft wurden zwei Portionen Kaffee, zwei Stück Erdbeerkuchen *und* zwei Portionen Schlagsahne der Sorte Diät-Sahne – was sich auf Dauer sehr positiv auf den Umsatz auswirkt! Der Sahneverkauf macht hier nur etwa 10 % der Gesamtbestellung aus. Wie ginge es in Ihrem Unternehmen, wenn sich allein durch solch eine Maßnahme der Umsatz um 10 % steigern ließe?

Sie haben das Prinzip erkannt. Besteht das Angebot nur aus einer Möglichkeit, ist die Wahrscheinlichkeit für ein Ja oder ein Nein zwar rechnerisch gleich groß, in Wirklichkeit aber ist die des Neins viel wahrscheinlicher.

Mehrere Möglichkeiten machen ein „Ja" wahrscheinlicher

Ermöglichen Sie hingegen Ihrem Kunden die Wahl zwischen zwei Alternativen, dann erhöht sich die Wahrscheinlichkeit für ein Ja nicht nur rechnerisch, sondern auch entscheidungspsychologisch deutlich!

Empfehlung garantiert

Nun kommt das entscheidende Argument: Sie helfen nun Ihrem Kunden tatsächlich, da er sich vollkommen in das Verkaufsgespräch eingebunden fühlt! Er wird demzufolge als Partner die Entscheidung mittragen können und auch später als zufriedener Kunde gerne anderen von Ihrem Geschäft berichten. Was nicht zu unterschätzen ist: Das Preisgespräch ist damit im wesentlichen Teil gewonnen – denn er hat gewählt!

Wieso funktionieren Alternativfragen so gut?

Schauen Sie sich bitte diesen Satz des Obers noch einmal genau an:

„Möchten Sie dazu zuckersüßen Schlagrahm oder die leichte Diät-Sahne?"

Es gibt Mitmenschen, die nehmen bereits dann schon an Gewicht zu, wenn sie so ein leckeres Angebot wie zuckersüße Schlagsahne nur lesen. Für die Frau in unserem Beispiel war dieses Angebot ein richtiger Schock – dann doch lieber die leichte Sahne! Die Kundin in diesem Café wählt nicht mehr zwischen „Ja oder Nein", son-

Lassen Sie Ihren Kunden wählen 3

dern zwischen „Ja oder Ja"! Und ein wichtiger Punkt bleibt erhalten: Die Kundin kann trotz der Alternativfragen Nein sagen!

Die Formel lautet demnach:

Scheinlösung oder Schocker, um dann das angestrebte Verkaufsziel nahezulegen.

Kommunikationsspezialisten stellen ihre Kunden nicht vor die isolierte Wahl, sondern sie entwickeln Alternativen, die immer dazu führen werden, dass die Menschen sich noch wohler fühlen.

Beispiele für Alternativfragen

Bisher	Besser
Passt Ihnen der kommende Dienstag als Besprechungstermin?	Wünschen Sie das Gespräch am Dienstag um 9.45 oder lieber Donnerstag im Laufe des Nachmittags?
Darf ich 10 kg als Bestellung notieren?	Wollen Sie sofort die Vorratspackung mit 50 kg oder reicht zunächst eine Startpackung mit 10 kg?
Können wir das Gespräch in Ihrem Büro führen?	Möchten Sie das Gespräch hier, so zwischen Tür und Angel, führen oder lieber in Ihrem Büro, um alle Vorteile des Angebotes in Ruhe zu prüfen?

So gelingt's besser

Sie können diese Technik natürlich für alle Bereiche abwandeln und dann entsprechend einsetzen.

Perfekt wird das Abschlussgespräch dann, wenn Sie ab sofort die Informationen und Empfehlungen aus dem Bereich des vorange-

3 *Emotionales Verkaufen*

gangenen Kapitels, das hypothetische Denken im Kopf des Kunden, mit den Empfehlungen der Alternativ-Frage verbinden. Dann hört Ihr Kunde ungefähr folgende Argumentation:

„Herr Kunde,

einmal angenommen,

es gäbe die Möglichkeit für Sie,

alle Renovierungswünsche

auf einen Schlag auszuführen,

und es würde sich herausstellen,

dass Sie sich damit außerdem etwas sehr

Gemütliches

und wirklich Wertsteigerndes leisten.

Würden Sie sich dann für eine Lösung entscheiden,

die kurzfristig zu realisieren wäre,

oder wäre Ihnen die

höhere Wohnqualität wichtiger?"

Die Alternativfrage ist ja nur eine Frageart aus einer Vielzahl von kreativen Möglichkeiten. Deshalb lautet auch der nächste Abschnitt ...

3. Durch Fragen verführen

„Wer fragt, der führt"
Sokrates

Von Sokrates stammt der Satz: „Wer fragt, der führt!" Damit ist auch die Richtung für das Verkaufsgespräch gegeben. Sie haben als der verantwortliche Verkäufer die Aufgabe, Ihren Kunden so zu führen, dass dieser notwendige Entscheidungen zu seinem Vorteil mittragen kann. Deshalb soll der Kunde antworten – und nicht Sie!

Durch Fragen verführen **3**

Für professionelle Kommunikatoren sind Fragen ein zentrales Führungsmittel, dessen perfekte Beherrschung die Verkaufsqualität deutlich entscheidet. Es ist also richtig, wenn Sie sich jetzt mit diesem Thema befassen!

Ihnen werden jetzt die wichtigsten und Erfolg versprechendsten Frage-Typen mit praktischen Beispielen vorgestellt:

Offene Informationsfrage

Diese Frageform ist die wichtigste, wenn es um das Beschaffen von Informationen geht. Eine offene Informationsfrage ist immer daran zu erkennen, dass ihr erster Buchstabe ein „w" ist. Hier einige Beispiele:

W-Fragen

- Was ist Ihnen besonders wichtig?
- Wo genau drückt der Schuh?
- Welcher Punkt hält Sie ab, sich jetzt zu entscheiden?
- Wann wollen Sie mit der Arbeit beginnen?
- Wie möchten Sie Ihren Kauf finanzieren?
- Warum legen Sie besonderen Wert auf eine sparsame Version?
- Weshalb erscheint Ihnen dieser Vorschlag besonders günstig?
- Weswegen befürchten Sie, dass Sie sich das nicht leisten können?
- Wer hat Ihnen dieses Produkt empfohlen?
- Wen wollen Sie von diesen Vorteilen noch überzeugen?
- Wieso fragen Sie das?

3 Emotionales Verkaufen

Sie sehen, auf alle diese Fragen kann Ihr Kunde jetzt mit einem ganzen Satz antworten. Sie bekommen also tatsächlich Informationen, die Sie immer benötigen, wenn Sie „Markt- und Motivforschung" betreiben.

Ganz anders verhält es sich bei der

Geschlossenen Informationsfrage

„Schwarz-Weiß-Fragen" — Bei diesen Fragen kann Ihr Kunde nur mit „Ja!" oder „Nein!" antworten. Ein tägliches Beispiel: „Möchten Sie einen Kaffee?" Die prinzipiell korrekte Antwort kann nur „Ja, bitte" oder „Nein, danke" sein.

Die geschlossene Informationsfrage hat den großen Vorteil, dass sie schnell auf den Punkt führt. Trotzdem ist sie ziemlich gefährlich. Wer sie unbedacht stellt und falsch konstruiert, kassiert blitzschnell ein völlig überflüssiges Nein, und das Verkaufsgespräch hat vielleicht sogar sein Ende erreicht!

Frageketten — Wenn Sie im Umgang mit der geschlossenen Informationsfrage erfahren sind, dann können Sie allerdings mit Frageketten arbeiten. Hierbei kann der Kunde sogar mehrmals Nein sagen, wenn er dabei auf ein Ihnen vorher bekanntes Frageziel zusteuert!

In das umfassende Gebiet der Fragen gehört natürlich auch die

Sokratische Ja-Straße

Einbahnstraße — Sie gehen dabei folgendermaßen vor: Stellen Sie nur Fragen, die Ihr Gesprächspartner mit Ja beantworten kann. Dazu ist es manchmal notwendig, weit auszuholen. Ein Beispiel soll das verdeutlichen:

> V: „Finden Sie nicht auch, dass unsere Umwelt in Gefahr ist?"
>
> K: „Ja – logisch!"

Durch Fragen verführen **3**

V: „Sollte man nicht etwas zur Entlastung der Umwelt tun?"

K: „Ja – unbedingt!"

V: „Würden Sie etwas unterstützen, um eine sofortige Wirkung zu erzielen?"

K: „Ja – das wäre doch toll!"

V: „Und wenn Sie darüber hinaus auch noch bares Geld einsparen, wäre das für Sie interessant?"

K: „Ja – und ob!"

Wenn Sie jetzt in diesem Beispiel eine ökologisch arbeitende Wasch- oder Geschirrspülmaschine anbieten, wird der Kunde nur sehr schwer auf der sokratischen Ja-Straße kehrtmachen können und nun auf einmal mit einem „Nein!" herausplatzen.

Häufig benutzt, aber schwieriger in der richtigen Anwendung, ist die

Suggestivfrage

Diese Frageform besteht darin, dem anderen „etwas in den Mund zu legen". In angenehmer Form kann sich das so anhören: Sie haben einem Kunden einen Vorschlag gemacht, dieser stimmt zu, und Sie sagen jetzt:

Bestätigungsfragen

„Das heißt, Sie sind von diesem Vorschlag überzeugt?"

Anders verhält es sich, wenn die Suggestivfrage eher plump und banal formuliert wird:

„Sie sind doch auch der Meinung, dass …?"

„Sie finden doch sicherlich auch, dass …?

Mit der Suggestivfrage werden zwei mögliche Absichten angestrebt: Entweder geht es darum, dass Sie eine Bestätigung Ihrer Meinung brauchen, oder aber es sollen noch kleinste Widerstände gegen Ihren Vorschlag überwunden werden.

3
Emotionales Verkaufen

Bei starken Widerständen halten Sie sich mit dieser Fragetechnik besser zurück.

Da jeder in einem Gespräch ein Ziel verfolgt, ist es durchaus üblich, mit einer einzigen Frage das Gespräch in die gewünschte Richtung zu führen. Besonders geeignet dafür ist die

Zielfrage

Gezielt fragen

Anhand eines einzigen Beispiels werden Sie die Wichtigkeit dieser Technik erkennen. Stellen Sie einem Kunden zu Beginn des Verkaufsgesprächs oder wenn es nicht von der Stelle geht, folgende Frage:

„Was ist die wichtigste Bedingung, die erfüllt sein muss, damit Sie jetzt eine Kaufentscheidung treffen?"

Es ist gut vorstellbar, dass Sie mit dieser Frage Ihr Ziel fast erreichen und jetzt nur noch die

Alternativfrage

Nochmal: Alternativfragen

stellen müssen, um die Zustimmung wirklich zu bekommen. Diese Technik, weil extrem wirkungsvoll, hat ja bereits auf den vorangegangenen Seiten eine entsprechende Würdigung erfahren.

Eine weitere wertvolle Fragetechnik ist die

Isolationsfrage

Punktuell fragen

Eingesetzt wird diese Technik, wenn der Kunde nicht so recht weiß, ob er sich entscheiden oder lieber erst noch jemanden fragen soll. Sie kennen solche Fälle bestimmt aus Ihrem Verkaufsalltag.

Sie können Ihrem Kunden sehr gut helfen, wenn Sie aus dem Wirrwarr seiner Bedenken ein Argument herausgreifen und fragen:

Nein und nochmals Nein! **3**

"Ist das Ihr einziges Problem, das Sie noch von einer positiven Entscheidung abhält?"

Wichtig ist, dass Sie bei solchen Fragen immer nur nach einem *einzigen* Punkt fragen. Lautet Ihre Frage beispielsweise „Welche Probleme halten Sie denn ab?", dann können Sie sicher sein, dass der fleißige Kunde Ihnen aber auch wirklich alles aus seinem Kopf anschleppt, was da so an Problemen herumliegt! Daher: Vorsicht!

Zum Schluss dieser Ideen für wirksame Fragetechniken noch ein praktischer Tipp: Entschuldigen Sie sich niemals bei Ihrem Kunden für eine Frage, die Sie stellen! Ist die Frage in Ordnung und gehört zum Thema, dann gibt es keinen Grund für eine Entschuldigung. Ein Beispiel:

Tabu: „Entschuldigen Sie, dass ich das frage ..."

„Es tut mir selber leid, dass ich Sie das fragen muss, mir ist das auch peinlich, aber können Sie sich diesen Kauf auch leisten?"

Wenn Sie hingegen meinen, die Frage ist zu intim, gehört nicht zum Thema und bringt Sie auch keinen Schritt weiter – dann lassen Sie diese Frage eben einfach weg! Der Merksatz lautet:

Entschuldigen Sie sich niemals für eine Frage!

Obwohl Sie jetzt schon ein sehr gutes Rüstzeug haben, um mit Ihrem Kunden kommunikativ optimal zu arbeiten, ist es dennoch nicht auszuschließen, dass ein Kunde auf Ihre Kaufempfehlung mit einem glatten „Nein!" reagiert. Um solche Fälle geht es auf den folgenden Seiten.

4. Nein und nochmals Nein!

Wer Menschen berät, weiß, dass diese manchmal „Nein!" sagen, obwohl doch der Rat oder das Angebot wirklich gut sind und objektiv einen tatsächlichen Vorteil für den Kunden bedeuten. Nun hat es wenig Sinn, diese Menschen wegen ihres „Unverstandes" zu belehren oder gar zu beschimpfen! Bedenken Sie vielmehr:

Wenn der Kunde Nein sagt ...

3 Emotionales Verkaufen

Gehen Sie bei dem Nein eines Kunden von folgender Grundüberlegung aus: Ein Kunde sagt deswegen Nein, weil er das Angebot in seiner positiven Bedeutung nicht erkennt oder Ihren gut gemeinten fachmännischen Rat nicht versteht!

... ändern Sie Ihre Strategie

Es wäre demzufolge klug, die Argumentation zu verändern. Die Frage ist allerdings, in welche Richtung verändern?

Ein Bild: Sie bestellen in einem Lokal ein Bier. Der Wirt serviert Ihnen ein Bierglas, das nur zu einem Viertel gefüllt ist. Würden Sie das akzeptieren? Nein! Angenommen, Sie reklamieren, und der Wirt füllt das Glas nun bis zur Hälfte – wie wäre es denn jetzt mit dem Bier? Auch falsch, zu wenig Bier! Sie sagen wieder Nein! Wird aber schließlich das Glas bis zum Eichstrich gefüllt, mit einer Schaumkrone obendrauf und ein Tropfen dieses bayerischen Göttertrunkes rinnt auf der gekühlten Glasfläche nach unten, ist alles o.k.! Klar, dass Sie jetzt einverstanden sind!

Informationen dosieren

Und nun ersetzen Sie bitte den Begriff „Bier" durch den Begriff „Information". Um im Bild zu bleiben: Wenn der Kunde nicht die richtige Menge Information zur Entscheidungsfindung bekommt,

3 *Nein und nochmals Nein!*

sagt er logischerweise „Nein". Erst wenn der „Eichstrich" erreicht ist, kann das „Ja" zu erwarten sein.

Somit ist das „Nein" des Kunden keine prinzipielle Ablehnung, sondern nichts weiter als der Hilferuf: „Gib mir mehr Informationen – ich kann mich sonst nicht entscheiden!" Betrachten Sie daher jedes „Nein" Ihres Kunden als Aufforderung zu einem Mehr an Information. Und denken Sie daran: Diese Aufforderung spricht der Kunde aus, um sich für Ihren Gedanken entscheiden zu können! Jedes „Nein" des Kunden bringt ihn tatsächlich näher an das ersehnte „Ja", näher an Ihre Idee, Ihr Angebot!

Nein = Informationsmangel

Es wird Sie vielleicht überraschen: Für das „Nein" des Kunden gibt es keineswegs tausend Gründe. Es sind in Wirklichkeit sieben mögliche Quellen, die das „Nein" speisen. Wer die kennt, der kann

Sieben Gründe für ein Nein

- sich darauf einstellen und ist demzufolge im Verkaufsgespräch kompetenter,
- sich argumentativ optimal vorbereiten und somit seine Kunden auch psychologisch günstig beraten,
- für die bekannten Nein-Argumente entsprechende Ja-Argumente entwickeln und anwenden.

Außerdem bekommen Sie entsprechende Vorschläge für den psychologisch geschicktesten Umgang mit diesen Einwänden. Die Gründe für die Ablehnung eines Kaufentscheides werden Ihnen dabei vielleicht bekannt vorkommen. Alle Vorschläge für den richtigen Umgang mit den „Neins" sind praktisch erprobt und funktionieren bei konsequenter Anwendung. Sie bekommen funktionierendes Handwerkzeug, das Sie sofort anwenden können!

Einwände beantworten

> *Der Leitsatz für LoveSeller lautet:*
> *Einwände werden nicht widerlegt, sondern beantwortet!*

3 Emotionales Verkaufen

1. Grund

Gebranntes Kind scheut Feuer!

Zu viele negative Erfahrungen

Jeder Kunde kennt Verkäufer und verfügt über eigene Einkaufserlebnisse. Diese Erfahrungen sind keineswegs immer positiv! Es gibt einfach auch heute immer noch zu viele Verkäufer, die schlecht oder gar nicht ausgebildet sind, die von Verkaufspsychologie keine Ahnung haben und vor lauter Hilflosigkeit nur noch Interesse heucheln können. Kunden treffen zudem allzu oft auf falsch trainierte Verkäufer, denen außer Zynismus nichts zur Verfügung steht. Und es gibt natürlich auch Verkäufer „der verbrannten Erde". Diese verkaufen einmal – und dann nie wieder! Es gibt Branchen, die das zumindest eine Zeit lang mit Erfolg betreiben, langfristig ist der dabei entstandene Schaden jedoch hoch.

Stellen Sie sich vor, Sie besuchen einen Ihrer neuen Gebietskunden und dieser eröffnet Ihnen bereits zu Beginn des Gesprächs: „Mit einigen Verkäufern habe ich schlechte Erfahrungen gemacht!"

Richtig reagieren

Diesen Hinweis sollten Sie sehr ernst nehmen. Es hat jetzt überhaupt keinen Sinn, mit Sachargumenten zu kommen oder gar das Versprechen abzugeben, bei Ihnen sei das alles ganz anders.

Körpersprache

Nehmen Sie sich jetzt unbedingt die Zeit, die der Kunde braucht, um seinen erlebten Kummer detailliert zu schildern. Notieren Sie sich ruhig einige Stichworte und – nicken Sie zustimmend mit dem Kopf! Das erhöht die Aussprachebereitschaft Ihres Kunden deutlich.

Ihr Kunde muss am Ende Ihrer Unterhaltung selbst davon überzeugt sein, dass sich seine Erlebnisse mit Ihnen auf keinen Fall wiederholen werden!

Um die Angst vor der Erfahrungswiederholung abzubauen, wenden Sie bitte die folgenden Praxis-Tipps an:

- Hören Sie bei Ihren neuen Kunden aufmerksam hin!
- Nicken Sie beim Hinhören!

Nein und nochmals Nein! **3**

- Wiederholen Sie mit Ihren eigenen Worten das, was der Kunde gerade gesagt hat!
- Machen Sie nie Ihren Konkurrenten schlecht!

2. Grund
Bloß nichts Neues!

Jeder Mensch hat Angst vor der Veränderung, hat Angst vor Neuem! Konrad Adenauer konnte mit dem Slogan „Nur keine Experimente!" in den 50er Jahren sogar eine Bundestagswahl gewinnen!

Keine Experimente

Diese Angst ist überhaupt nicht rational zu verstehen. Ein aktuelles Beispiel: Die Diskussion um die Einführung der Währung des Euro zeigte doch, wie tief solche Ängste vor der Veränderung sitzen können. Es geht nicht um die möglichen Vorteile einer europaweiten einheitlichen Währung, sondern um Vorurteile. Sogar Professoren sind vor solchen Ängsten nicht gefeit!

Eine weitere Maßnahme, die für den Kunden vertrauensbildend und deshalb sehr wichtig ist, besteht darin, dass Sie während des gesamten Verkaufsgesprächs eine positive Erwartungshaltung im Kunden zu wecken versuchen!

Positive Erwartungshaltung wecken

LoveSeller denken in dieser Phase immer an das Handlungskonzept des Liebespaares: sie malen sich beide eine positive Zukunft aus, um sich die Angst vor der (ungewissen) Zukunft zu nehmen! Wenn Sie die nachstehenden Formulierungen wohldosiert in Ihre Sprache einfließen lassen, dann baut sich diese Angst leichter ab:

„Sie werden sehr zufrieden sein!"

und/oder

„Freuen Sie sich jetzt schon auf …!"

3 Emotionales Verkaufen

LoveSelling® nimmt die Angst vor der Veränderung

- Sprechen Sie gegenüber Ihrem Kunden unbedingt in einer „bildhaften" Sprache!
- Geben Sie dem Kunden Prospekte, Literatur, Fachaufsätze, Illustrationen oder auch Kopien von Artikeln mit nach Hause, damit er sich selbst ein Bild machen kann.
- Schaffen Sie durch Ihr Verkaufsgespräch eine positive Erwartungshaltung beim Kunden.
- Vermeiden Sie jeden Zweifel an Ihrem Angebot und bieten Sie Sicherheit in Ihren Aussagen!

3. Grund
Ich kann mich nicht entscheiden!

Bestimmt kennen Sie die Situation: Ein Kunde betritt ein Geschäft, zum Beispiel eine Modeboutique. Ein Verkäufer geht auf den Kunden zu und fragt: „Kann ich Ihnen helfen?"

„Ich will mich nur mal umsehen!"

Überraschenderweise kommt es zu folgender Antwort: „Nein, vielen Dank, ich möchte mich nur einmal umsehen!"

Wollte dieser Kunde sich wirklich „nur umsehen" oder hatte er das Geschäft in der Absicht betreten, etwas Passendes zu kaufen? Nun, wer könnte ihm am schnellsten helfen, das Richtige zu finden? Genau – der Verkäufer!

Doch den hatte der Kunde ja gerade weggeschickt! Er wollte sich angeblich „nur einmal umsehen!"

Wenn Sie das nächste Mal einkaufen gehen und ein Verkäufer begegnet Ihnen mit der Frage: „Kann ich Ihnen helfen?", dann machen Sie Folgendes: „Ja, Sie können mir bestimmt helfen! Ich suche den XY-Artikel und dazu benötige ich zur Beratung den besten Verkäufer! Sind Sie dieser Spezialist?" Was meinen Sie, was das für ein tolles Einkaufserlebnis wird!

3 Nein und nochmals Nein!

Bleibt die Frage: Warum schicken so viele Kunden den Verkäufer weg? Wahrscheinlich weil sie wissen, dass er es als seine Aufgabe ansieht, die Kunden so zu beraten, dass diese sich zu einem Kauf entscheiden können.

Angst vor Kaufzwang

So oder ähnlich können Kunden empfinden. Stellen Sie sich vor, dieser Kunde ist sich darüber im Klaren, dass er einen bestimmten Artikel braucht. Aber da gibt es noch Bedenken … Der Kunde weiß, dass Sie ihm einen Vorschlag machen werden. Er ist ja deswegen zu Ihnen in das Geschäft gekommen oder hat Sie deswegen zu einem Termin eingeladen.

Behutsam vorgehen

Trotzdem wird dieser Kunde Ihrem Angebot mit einem „Nein!" begegnen, wenn Sie es zwar kompetent, aber psychologisch ungünstig präsentieren.

Eine nützliche Beobachtung

Wenn man ein Kind fragt: „Möchtest du einen Apfel?", wird es, und mag es noch so wohlerzogen sein, in vielen Fällen nachfragen, ob es eventuell auch etwas anderes gibt.

Ganz anders verhielte sich dasselbe Kind, wenn Sie es fragen würden: „Möchtest du ein Eis, eine Cola, Popcorn, ein Überraschungsei, ein Asterix-Heft, ins Kino oder doch lieber eine Tüte Pommes? Entscheide Dich für eines davon!"

Noch einmal: Alternativfragen

Ahnen Sie, was jetzt wahrscheinlich geschehen wird? Das Kind wird sauer reagieren und entweder schimpfen oder vielleicht sogar weinen!

Sie stimmen zu, dass beide Vorgehensweisen ein Kind nicht zufrieden stellen? Richtig, wenn keine Wahlmöglichkeit für das Kind besteht, wird es misstrauisch und unzufrieden.

Beim zweiten Beispiel kommt es zu Misstrauen und Enttäuschung, weil das Kind in der Wahl seiner Möglichkeiten überfordert wird!

3 *Emotionales Verkaufen*

Bieten Sie Ihrem Kunden deshalb immer die Chance, zwischen *zwei* Möglichkeiten zu wählen! Erinnern Sie sich? Diese Technik wurde bereits in dem Kapitel „Lass den Kunden wählen" behandelt. Hier noch einmal die Schlüsselinformation: Nennen Sie zunächst immer die weniger in Betracht kommende Lösung und erst danach die günstigere Variante!

LoveSelling® mildert die Angst vor dem Angebot

Die Angst vor dem Angebot

Geben Sie Ihrem Kunden während des Verkaufsgesprächs immer etwas in die Hand, was mit Ihrem und seinem Thema direkt zu tun hat. Menschen „begreifen" leichter, wenn sie etwas „greifen" können!

Wer etwas mit seinen Händen anfasst, will es auch besitzen. So können Sie dem Kunden helfen, sich noch schneller und überzeugter für Ihr Angebot zu entscheiden!

Der nächste Grund für ein Nein ist für LoveSeller eine besondere Herausforderung …

4. Grund
Bitte nicht einmischen!

Alle Menschen spüren ein großes Unbehagen, wenn man ihnen mit der Arroganz der Fachkompetenz begegnet oder versucht, in einem Gespräch Druck auf sie auszuüben! Sie können sich darauf verlassen, dass immer mehr Kunden die Art, wie Sie mit ihnen sprechen und umgehen, sehr aufmerksam und sensibel registrieren.

Keine neunmalkluge Beratung

Auch wenn Sie es gut meinen und sich hundertprozentig sicher sind, einen guten Rat zu geben – wenn der Kunde das nicht sofort erkennt, greifen Sie bitte nie zum „letzten Mittel" des Druckmachens! Versuchen Sie vielmehr – und das ist der erfolgreiche Weg – herauszufinden, welche Gefühlsmotive den Kunden abhalten, Ihrem Rat zu folgen! Sehen Sie sich hierzu die nachfolgenden 7 Regeln an.

Nein und nochmals Nein! **3**

LoveSelling® führt zur Motivation von Kunden

- Befreien Sie Ihre Sprache vom Ego-Trip!
- Lernen Sie, im Kopf des Kunden zu denken!
- Studieren Sie die Motive Ihrer Kunden!
- Versuchen Sie, immer wieder zu entdecken, auf welchen Sinneskanälen Ihr Kunde empfängt.
- Verbessern Sie Ihre Fähigkeiten, positive Erwartungen im Kunden zu entwickeln!
- Verbessern Sie Ihre Argumentation, wenn es darum geht, den Nutzen Ihrer Leistungen zu erkennen!
- Entwickeln Sie Ihre Fähigkeiten, für den Kunden begehrliche Vorschläge zu machen – Sog statt Druck!

Selbst wenn Sie in Ihrem Verkaufsgespräch an alles gedacht haben, kann trotzdem etwas anderes den Ausschlag geben:

5. Grund
Das passt mir jetzt aber gar nicht!

Stellen Sie sich vor, Sie haben gerade in Ihrem Lieblingsrestaurant Ihre Leibspeise zu sich genommen. Sie sind jetzt wohlig satt. Frage: Könnte man Ihnen jetzt ein Steak anbieten? „Natürlich nicht!", werden Sie sagen. Klar, wer satt ist, hat keinen Appetit und ist für neue geschmackliche Reize nicht oder nur sehr eingeschränkt ansprechbar.

Das richtige Angebot zur richtigen Zeit

Ein anderes Beispiel: Sie besuchen einen Kunden, um ihm eine Beteiligung an einem Lagerhaus in Miami zu verkaufen. Ihr Kunde erzählt Ihnen aber nun, dass er jetzt gerade selber zu bauen beginnt. Gestern sei ausgeschachtet worden. Können Sie sich vorstellen, was dieser Kunde nur noch im Kopf hat? Richtig: Beton, Steine, Ziegel etc. – seinen eigenen Bau! Kurzum, er ist durch sein Bau-

3 Emotionales Verkaufen

projekt zu beansprucht oder „satt", was die Bereitschaft betrifft, für etwas anderes als den eigenen Hausbau Geld auszugeben.

Ein letztes, besonders dramatisches Beispiel: Ein Kunde erlebt gerade eine Situation höchster Stressbelastung, beispielsweise die Scheidung vom Lebenspartner. In einer solchen Situation kann Ihr Verkaufsgespräch nur bedingt Erfolg haben. Die Zuhörfähigkeit und die Bereitschaft, sich zu entscheiden, sind nur begrenzt vorhanden.

Was bleibt in solchen Fällen zu tun?

Hellhörig sein

Wenn Sie auf einen Kunden treffen, für den eine der vorgenannten Situationen gilt, dann sollten Sie überprüfen, ob es nicht viel klüger und letztlich auch sympathischer wäre, sich aus dem beabsichtigten Verkaufsgespräch zurückzuziehen.

Deshalb gibt es im LoveSelling® auch nur eine einzige Empfehlung:

Bewahren Sie sich unbedingt ein Gespür für die Empfindungen Ihrer Kunden!

Eine Situation kann sich ändern – ein verletzter Kunde nicht mehr!

Das nächste „Nein" kommt aus einer Angst heraus, die sehr viele Menschen haben ...

6. Grund
Da muss ich erst fragen!

Partnerabsprachen brauchen ...

Die meisten Menschen leben mit Partnern zusammen. Bestandteil dieser Partnerschaft ist unter anderem die Tatsache, dass die wichtigen Entscheidungen, ob sie nun die Persönlichkeit oder den finanziellen Bereich betreffen, mit diesem Partner besprochen und dann auch gemeinsam entschieden werden. Sie müssen also grundsätzlich davon ausgehen, dass Ihr Angebot, Ihre Verkaufsidee von dem jeweiligen Kunden mit dessen Lebenspartner besprochen wird.

Nein und nochmals Nein! 3

Damit wird ein Problem besonders klar: Ist Ihr Kunde überhaupt in der Lage, Ihre Idee einem anderen, einem Dritten deutlich zu machen? Nicht jeder Ihrer Gesprächspartner ist allein entscheidungsberechtigt. Und schon stehen Sie vor der nächsten Schwierigkeit: Ihr Partner muss die im Gespräch entwickelte Idee nach innen weiterverkaufen! Kann er das? Meinen Sie, er kann ohne Hilfsmittel den Unterschied, den Nutzen und die Vorteile zwischen den einzelnen Angeboten und Ideen anderer verdeutlichen?

... klare Informationen

LoveSelling® macht den Kunden zum „Mit-Berater"!

- Statten Sie Ihren Kunden mit entscheidungsorientierten Unterlagen aus.

- Überreichen Sie ihm z. B. erläuternde Videofilme.

- Vermeiden Sie Fachfremdwörter, die Sie nicht erläutern bzw. die von einem Nicht-Fachmann nur schwer erklärt werden können.

- Genieren Sie sich nicht, Beispiele aus dem Alltag als Erklärungsmodelle zu verwenden.

- Motivieren Sie Ihren Kunden so, dass er voller Begeisterung von seinem zukünftigen Kauf schwärmt.

Mit dem nächsten Kundeneinwand wollen viele Verkäufer nichts zu tun haben, das ist ihnen fast peinlich ...

7. Grund
Ich habe kein Geld!

Ein starkes Ablehnungspotenzial steckt bei allen Gütern dieser Welt im Preis. Das ist zunächst mal nichts Neues. Spannend wird es allerdings bei der Frage: Warum ist der Preis ein so kritischer Punkt?

Heikles Thema: Preis

3 Emotionales Verkaufen

Die Ursache für dieses grundsätzliche Problem, den richtigen Umgang mit dem Preis, liegt in der Tatsache begründet, dass alle Menschen von drei Urängsten geplagt sind, die allesamt ihre Existenzgrundlage betreffen: Sie haben Angst zu verhungern, zu verdursten oder zu erfrieren.

Besitz, also auch der Besitz von Geld, schützt den Menschen vor diesen Ängsten. Übersetzt heißt das: Wenn Sie 100 000 € haben, dann sind Sie gleichzeitig 100 000 € vom Hungertod entfernt.

Preis-Leistungs-Verhältnis

Wenn der Mensch sich nun etwas kauft und dafür einen Preis bezahlt, so findet tatsächlich immer folgender Ablauf statt. Jedes Bezahlen verringert die Distanz zum „Hungertod". Bleibt die Frage: „Was bekomme ich dafür?"

So ist beispielsweise der Erwerb von Grund und Boden, von Immobilien oder von Gold und Diamanten allgemein von sehr geringem Risiko, ja sogar von größtem Nutzen. Hierbei verringert sich zwar die „Geld"-Distanz zum „Hungertod", dafür erhöht sich aber die Sachwert-Sicherheits-Distanz. Es ist demnach für ein Verkaufsgespräch wichtig, den Konflikt dadurch aufzulösen, dass der Wert einer Sache deutlich über ihren Preis angehoben wird – daher das Wort *preiswert*!

Schwer, den Preis zu schätzen

Es ist wirklich schade, dass der Kunde in vielen Fällen nicht in der Lage ist, den Wert einer Leistung oder einer Sache einzuschätzen.

Noch viel schlimmer ist allerdings die Tatsache, dass so viele Verkäufer nicht in der Lage sind, den Wert ihrer Leistung entsprechend zu präsentieren!

Bei richtiger Anwendung gilt:

LoveSelling® nimmt die Angst vor dem Preis

- Lernen Sie erneut, sich für Ihre eigene Leistungsfähigkeit zu begeistern! Nur wer selber brennt, kann andere entzünden!
- Lernen Sie, die kundengerechten Vorteile Ihrer Leistung zu formulieren!

Nein und nochmals Nein! 3

- Entdecken Sie die Vorteile, die dem Kunden durch einen Kauf erwachsen!
- Lernen Sie, diese Vorteile in einer kundengerechten Sprache zu präsentieren!
- Machen Sie sich selber immer wieder den Wert Ihrer angebotenen Leistung klar!
- Freuen Sie sich sichtbar für den Kunden, dass er selber eine richtige Investition tätigt.
- Rechtfertigen Sie niemals die Höhe eines Preises!

Der Preis bleibt natürlich immer ein großes Thema. Mehr dazu im nächsten Kapitel …

4 Der Preis – pure Magie

1. Du bist, was du denkst! 136
2. Der Preis – die magische Größe im Verkauf 137
3. Gibt es das Schlaraffenland? 139
4. Preiswert – ein Wortspiel 142
5. Von der Magie des Preises 143
6. Die magische „9" beim Schwellenpreis 145
7. Fantasielosigkeit kostet bares Geld 146
8. Die Preis-Pyramide 149
9. Verpacke den Preis! 152
10. Leistungs- statt Preisvergleich . . . 154
11. Endlich: das „Ja" des Kunden! . . . 156

1. Du bist, was du denkst!

Ich verrate Ihnen ein Geheimnis: Verkäufer sind überraschend einfallsreich, kreativ und phantasievoll, wenn es darum geht, Gründe zu erfinden, weshalb nun gerade in ihrem Verkaufsgebiet, in ihrer Lage, in ihrem Stadtteil zu wenig gutbetuchte Kunden leben – oder weshalb diese Kunden überhaupt nicht in der Lage sind, solche Güter, Ideen oder Dienstleistungen zu wünschen und zu bezahlen, die sie ihnen verkaufen wollen!

Investitions-freudigkeit?

Schluss mit dem Vorurteil die Deutschen hätten kein Geld. Zum Jahreswechsel 2003 hatten sie ein Geldvermögen von 3,9 Billionen Euro. Davon haben sie etwas mehr als 1,4 Billionen Euro (1 400 000 000 000) zu minimalem Zins auf Sparbüchern angelegt! Und das ist nur das Geld auf den Sparbüchern, keine Aktie, kein Haus, kein langfristig angelegtes Festgeld mitgerechnet!

Bei 80 Millionen Einwohnern macht das übrigens pro Kopf der Bevölkerung eine Sparleistung von rund 17 500,– €!

Und Sie fragen sich, ob die Deutschen genug Geld haben? Sie haben genug Geld – aber nicht für Sie oder für Ihre Angebote! Die Deutschen geben mit Begeisterung Geld aus – so wie alle Menschen gerne Geld ausgeben, wenn sie von der Ausgabe begeistert sind!

LoveSelling® fordert entschlossen: Begeistern Sie Ihre Kunden!

Begeisterung tut not

Es ist eine ganz vertrackte Crux: Wenn Sie selber glauben, dass Ihre Kunden kein Geld für Ihre Angebote haben, dann werden sich Ihre Kunden auch entsprechend verhalten!

Hierzu eine persönliche Geschichte: Es war in Paderborn. In der Fußgängerzone befindet sich ein Herrenausstattungsgeschäft. In einer Verkaufstruhe sehe ich eine Krawattennadel und sage zu der Verkäuferin: „Die ist ja schön!" Antwort: „Die kostet aber 185 Mark!"

4 Der Preis – die magische Größe im Verkauf

Spontane Reaktion bei mir: „Wie musst du wohl gerade aussehen, dass Dich die Verkäuferin vor dem Kauf warnt?"

Machen wir uns gemeinsam nichts vor: Wenn der Verkäufer schon Zweifel hat, wird der Kunde diese Zweifel erst recht bekommen. Es sind natürlich keineswegs immer so plumpe Aussagen wie die vorgenannte. Viel dramatischer sind die kleinen Zweifel, die man selber gar nicht merkt.

Vorsicht: keine Zweifel schüren

Wenn Ihre Kunden solche Zweifel „erspüren", dann werden sie vielleicht folgendes Selbstgespräch führen:

„Wenn der Verkäufer schon der Meinung ist, das sei viel zu teuer oder die Sache nicht wert, wenn der schon nicht daran glaubt – weshalb sollte ich …?"

Umgekehrt: Wenn Sie zutiefst davon überzeugt sind, dass Ihr Kunde eine für ihn richtige Entscheidung trifft, wenn er Ihr Angebot akzeptiert, wenn er davon überzeugt ist, dass er geradezu ein Glückspilz ist, wenn er in Ihr Angebot investiert, wenn Sie das selber glauben, dann werden Sie auch genau auf solche Kunden treffen!

Sie werden große Geschäfte machen mit Kunden, die sich diesen Gedanken nicht entziehen können! Und die Krönung wird darin bestehen, dass diese Kunden Sie mit Begeisterung weiterempfehlen werden!

Empfindungen teilen

2. Der Preis – die magische Größe im Verkauf

Wenn sich Ihr Kunde mit Ihnen in einem Verkaufsgespräch befindet, dann geht es eben keineswegs allein um eine Verkäufer-Kunden-Beziehung, dann geht es auch um „Machtfragen"! Der Kunde, so wie er sich tagtäglich in dieser Rolle fühlt, durchlebt einen inneren Wettstreit: Sein Haben-Wollen des „Produktes" (Besitzstreben) kollidiert mit seinem Nicht-Hergeben-Wollen des eigenen Geldes (Macht).

Machtfragen

4   *Der Preis – pure Magie*

Geld behalten oder Ware besitzen

Sie befreien Ihren Kunden aus diesem Dilemma, wenn Sie ihn zu der Einsicht bringen, dass der Nutzen größer sein wird als die Geldinvestition! Dazu braucht jeder Mensch Informationen und Argumente, die sich an Verstand und Gefühl wenden. Das ist Ihnen ja im Kapitel über die „Primärmotive Ihrer Kunden" dargelegt worden.

Als ich dreizehn Jahre alt war, kaufte ich mir, ohne Rücksprache mit meinen Eltern, ein Paar sehr elegante, todschicke, heute würde man sagen „supergeile" Schuhe für 17,– oder 18,– DM. Das war 1961 zwar viel Geld, nicht aber für gute Schuhe. Die Schuhe waren ganz spitz mit extrem dünner Sohle aus einem grün schillernden Schlangenleder-Imitat – vorne musste Watte hineingestopft werden. Sie müssen furchtbar ausgesehen haben – aber ich fand sie einfach wunderschön!

Es war Sommer und auf dem Nachhauseweg kam ich in einen kräftigen Regenguss und wurde klatschnass. Nicht so schlimm, dachte ich – doch für meine neuen Schuhe eine einzige Katastrophe! Sie begannen sich in der Nässe aufzulösen! Zu Hause angekommen: Schuhe kaputt, die Mutter schimpfte und das Geld war weg!

Billiges zu kaufen, lohnt sich nicht

An dem Tag lernte ich etwas sehr Wertvolles für mein weiteres Leben: Man kann es sich nicht leisten, etwas Billiges zu kaufen!

Deshalb haben Sie heute als Verkäufer in Ihrem Kunden tatsächlich einen „Verbündeten" bei jedem Preisgespräch, so wie ihn bereits der englische Sozialreformer John Ruskin (1819 – 1900) beschrieb: „Es ist unklug, zu viel zu bezahlen, aber es ist noch schlechter, zu wenig zu bezahlen. Wenn Sie zu viel bezahlen, verlieren Sie etwas Geld, das ist alles. Wenn Sie dagegen zu wenig bezahlen, verlieren Sie manchmal alles, da der gekaufte Gegenstand die ihm zugedachte Aufgabe nicht erfüllen kann.

Risiko Billigware

Das Gesetz der Wirtschaft verbietet es, für wenig Geld viel Wert zu erhalten. Nehmen Sie das niedrigste Angebot an, müssen Sie für das Risiko, das Sie eingehen, etwas hinzurechnen. Und wenn Sie das tun, dann haben Sie auch genug Geld, um für etwas Besseres zu bezahlen."

Gibt es das Schlaraffenland? **4**

Das erklärt, warum viele Menschen bei „billigen" Angeboten nach dem Haken bei der Sache suchen. Sie wissen ganz genau: „Was teuer ist, ist auch gut! Also ist alles, was gut ist, auch teuer!" oder im Umkehrschluss: „Was wenig kostet, ist billig!", also „Was nichts kostet, ist nichts wert!"

Deshalb muss die nächste Frage beantwortet werden …

3. Gibt es das Schlaraffenland?

Viele Verkäufer träumen vom preislichen Schlaraffenland! Frei nach dem Motto: Ich wäre ja so gerne als Verkäufer zufrieden und glücklich, wenn es diese unerquicklichen Preisgespräche nicht gäbe! Deshalb – auch wenn es weh tut: Das Schlaraffenland gibt es nicht! Ganz im Gegenteil! Man findet vielmehr eine Fülle an Ungereimtheiten, von denen ich jetzt nur drei aufgreifen möchte.

Billig einkaufen zu Lasten der Kreatur!

Das folgende Beispiel wähle ich ganz bewusst, weil es den Nerv trifft:

Die Süddeutsche Zeitung berichtet am 31. 1. 97 davon, dass ein tiefgefrorenes Huhn für 2,97 DM zu bekommen ist. Damit ein Huhn für zweimarksiebenundneunzig im Tiefkühlfach liegt, damit irgend jemand dafür Werbung machen und irgend jemand mit stolzgeschwellter Brust erzählen kann, wie günstig er einkaufen konnte, soll die Geschichte dieses Huhnes erzählt werden:

Das günstige Huhn

Zunächst muss ein Ei gelegt werden, im Brutschrank ausgebrütet, mit Spezialfutter in Zuchtgefängnissen unter Kunstlicht in der kürzesten Zeit auf Schlachtgewicht gebracht werden, Medikamente reduzieren die Erkrankungsrisiken auf null, in stapelbaren Kisten wird es dann zur Schlachtfabrik gefahren, dort maschinell geschlachtet und nach ärztlicher Stichprobe eingeschweißt und schockgefroren; schließlich etikettiert, im Kühltransporter durch

4 Der Preis – pure Magie

die Lande gefahren und am Ende mit einem Spezialpreis unter Berücksichtigung aller Boni und Rabatte als Kampfprodukt auf den Markt geworfen.

Gleichzeitig träumen wir von auf dem Hof scharrenden Hühnern, die glücklich nach Körnern suchen, hin und wieder ein Ei legen, vielleicht sogar im Frühjahr eine Schar Küken führen, um dann von einer liebevollen Oma im familiären Kreis geschlachtet zu werden. Die Federn werden sorgfältig, fast verschämt gerupft, und zwei Stunden später wird es von einer ebenso liebevollen Hausfrau auf dem Markt entdeckt, liebevoll zubereitet und mit Andacht als Sonntagsbraten gegessen. Wer davon träumt, müsste für ein Huhn 25,– bis 30,– Euro zahlen.

Teures ist seinen Preis wert

An diesem Beispiel wird deutlich: Tierschutz und Billigprodukt schließen sich prinzipiell aus! Wer liebevoll lebt, der bezahlt für den Wert von Kreatur und Natur!

Fazit für den Verkauf: Preise betriebswirtschaftlich zu begründen reicht nicht aus! LoveSeller streichen die Einmaligkeit eines Produktes heraus!

Polarisierung der Gesellschaft!

Schauen Sie sich bitte einmal den Ausschnitt des früheren Zehn-Mark-Scheines auf der Grafik an:

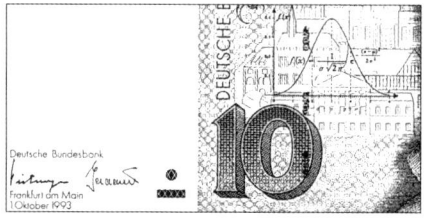

Gauß'sche Normalverteilung

Haben Sie dieses Symbol selber schon einmal entdeckt oder gar bewusst wahrgenommen? Es handelt sich um die Gauß'sche Normalverteilung. Bezogen auf die deutsche Bevölkerung sagt sie Fol-

Gibt es das Schlaraffenland? **4**

gendes aus: Nimmt man die gesamte deutsche Bevölkerung als Beispiel, dann geht es einem sehr kleinen Teil extrem gut, einem größeren Teil sehr gut, einem noch größeren Teil überdurchschnittlich gut, einem gleich großen Teil unterdurchschnittlich gut, einem doch großen Teil weniger gut und einem kleinen Teil überhaupt nicht gut.

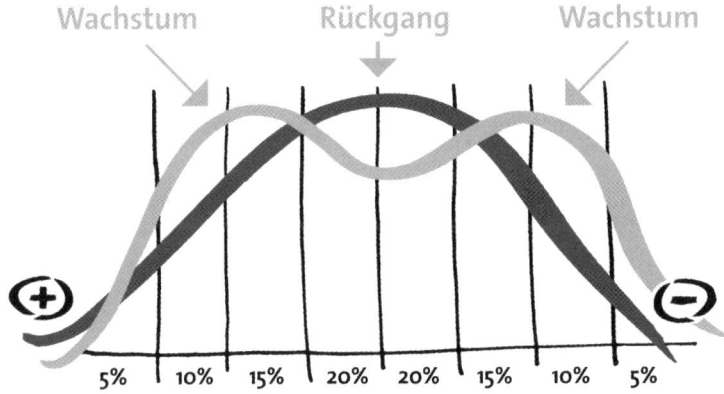

Vielleicht kennen Sie auch die Aussage, dass sich in unserem Land eine Polarisierung innerhalb der Gesellschaft herauskristallisiert: die Reichen werden immer reicher und die Armen immer ärmer.

Tatsächlich kommt es an den beiden „Enden" der Gauß'schen Kurve zu großen Wachstumspotenzialen. Ein Beispiel aus der Praxis:

Wachstums-potenziale

In der Reisebranche ist zu beobachten, dass extrem teure und extrem günstige Reisen schnell verkauft sind, während es in der „Mitte" oft zur Stagnationen kommt. Ein anderes Beispiel: Sehr teure Uhren werden hervorragend verkauft, ebenso sehr günstige Uhren.

Fazit für den Verkauf: Haben Kunden an einer Sache Spaß und Freude, zahlen sie gerne. Ist Spaß und Freude nicht gegeben, dann wechseln sie in das andere Extrem: so billig wie möglich.

4 Der Preis – pure Magie

Ich bin doch nicht blöd!

Preis-begründungen

Mit dieser Aussage wirbt seit 1996 ein Elektrofachmarkt. Jedem Kunden wird damit gesagt: Wenn du für eine Ware mehr bezahlst, als sie im günstigsten Geschäft kostet, dann bist du blöd!

Und genau das ist der Punkt: Wenn eine völlig gleiche Ware, ohne jeden wirklichen Unterschied, zu unterschiedlichen Preisen angeboten wird, dann gibt es nur zwei Möglichkeiten: entweder verkauft sich die teurere Ware nicht und der Anbieter geht Pleite, oder aber sie verkauft sich doch – dann ist der Käufer reichlich dumm!

Besonderheiten rechtfertigen den Preis

LoveSelling® trägt in sich die Idee, aus Produkten, Dienstleistungen oder anderen Ideen das Besondere herausholen, mit der Konsequenz, dass dieses Besondere anziehend und begehrlich ist und damit einen richtigen Preis ermöglicht. Der Kunde des LoveSellers wird niemals das Gefühl haben: Mein Gott, war ich blöd! Er wird wissen: Ich habe ein gutes Geschäft gemacht – schließlich habe ich nicht nur eine Ware bekommen, sondern etwas, was mir mehr wert ist.

Fazit für den Verkauf: Wer keinen „Mehr-Wert" eines Angebotes deutlich machen kann, der muss den tieferen Preis hinnehmen!

4. Preiswert – ein Wortspiel

Wann auch immer Sie dieses Wort PreisWert sehen, werden Sie zu Recht sagen: „Falsch geschrieben!" Richtig, die korrekte Schreibweise des Wortes lautet: „preiswert" und wird am häufigsten dann angewendet, wenn eine Sache vom Preis her eher günstig ist.

Preis ist nicht gleich Preis

Preiswert könnte auch bedeuten: der Preis entspricht dem Wert der Sache. Noch schärfer: die angebotene „Sache" ist allemal den geforderten Preis wert! Dann hat das Wort PreisWert nichts mit dem Begriff billig oder günstig zu tun. Dann kann auch ein Diamant eben ausgesprochen PreisWert sein!

4 Von der Magie des Preises

Ist Ihnen schon einmal aufgefallen, dass viele Kunden relativ schnell nach dem Preis fragen? Vielleicht haben Sie sich auch schon einmal gewundert und gedacht: Warum fragen diese Kunden nicht nach dem Wert der Sache? Tun sie doch!

Die Frage nach dem Preis ist die umgekehrte Frage nach dem Wert. Der Kunde ist in den meisten Fällen Laie. Wovon verstehen wir schon etwas? Von unserem Beruf eine ganze Menge, einverstanden. Und von unseren Hobbys. Auch richtig. Aber es gibt doch eine Unmenge von Produkten und Dienstleistungen, deren Wert weder von Ihnen noch von mir einzuschätzen ist. Sie und ich, uns bleibt oft nichts anderes übrig, als über den Preis den Wert abzuschätzen!

Der Preis bestimmt den Wert

Tatsache ist: wenn der Kunde den „Wert" einer Sache einschätzen kann, dann muss er nicht nach dem Preis fragen. Umgekehrt gilt aber auch: über die Frage nach dem Preis versucht der Kunde eine Vorstellung vom Wert zu bekommen. Da er auch noch gleichzeitig Besitzer des Machtfaktors Geld ist, verleiht das insgesamt seiner Frage nach dem Wert ein besonderes Gewicht.

Nun wird manchmal versucht, durch eine magische Zahl dem Preis die Schärfe zu nehmen. Wie, erfahren Sie im nächsten Abschnitt.

5. Von der Magie des Preises

Reden wir gemeinsam zunächst über die Liebe. Auf diesem weiten Feld ist ja alles möglich – einverstanden? Gibt es die schönste Frau der Welt – den tollsten Liebhaber – die schönsten Küsse – die erotischsten Augen, Füße, Hände oder Ohrläppchen? Natürlich gibt es das alles, aber eben in den unterschiedlichsten Formen und Wertschätzungen – eine einheitliche Meinung über Schönheit gibt es nicht!

Vom relativen Wert

Was in der Liebe, der Erotik und den Fantasien darüber möglich ist, das gilt exakt auch für den Preis! Nichts ist so facettenreich wie der Preis – nichts ermöglicht einen objektiven Wertbegriff für den Preis!

4 *Der Preis – pure Magie*

Deshalb sind die fünf folgenden Thesen keine Überraschung:

- Es gibt keinen objektiven Preis auf dieser Welt.
- Es gibt keinen wirklichen Wert für irgend etwas.
- Jeder Preis ist immer falsch und subjektiv auch zu hoch.
- Preise sind stets Politik, Ausdruck von Ziel und Absicht!
- Der Preis ist Spiegel des Marktes.

Der Markt bestimmt den Preis

Jeder Preis ist immer und überall objektiv gesehen falsch! Ein und derselbe Preis kann in der einen Situation ungewöhnlich tief sein, in einer anderen ungewöhnlich hoch. Woran das liegt? Am jeweiligen Wert. Herrscht ein Überangebot oder keine Nachfrage, dann sinkt der Preis – ist es genau umgekehrt, steigt der Preis.

Der Preis ist relativ

Es ist ja manchmal wie verhext: Sie wollen Ihr Auto verkaufen – keiner will dafür den Preis bezahlen, den es Ihnen wert wäre! Brauchen Sie allerdings ein Auto, dann wird es plötzlich schrecklich teuer.

Angenommen, Sie haben eine wertvolle Briefmarkensammlung. Für Ihren Schatz gibt es mindestens drei Preise:

- den Preis, den Sie für Ihre Sammlung bezahlt haben

   Dieser Preis ist meistens ein bisschen zu hoch.

- den Preis, der im Katalog steht

   Dieser Preis ist nichts wert, er stellt nur eine Orientierung dar, solange Sie nicht verkaufen.

- der Preis, den Sie bekommen, wenn Sie Ihre Sammlung verkaufen wollen.

   Dieser Preis ist überraschend gering.

Die magische „9" beim Schwellenpreis **4**

Nun haben Verkäufer immer schon versucht, dem Preis durch seine Darstellungsform ein besonderes Gewicht oder eine besondere Leichtigkeit zu verleihen. Zwei extreme Formen der Preisauszeichnung skizzieren die Bandbreite der Preisdarstellung:

Preispräsentation

- Wertvolle Produkte haben häufig ganz kleine, edle Preisschildchen, wie man sie zum Beispiel in Schmuckgeschäften findet. Je wertvoller und demzufolge je teurer ein Artikel ist, desto „glatter" ist sein Preis, es „nullt" also am Ende. Man kann auch sagen: „Große Preise sind still!"

Je teurer, desto kleiner das Etikett

- Sonderangebote hingegen werden groß und knallig angeboten, mit grellen Farben und Aussagen wie „nur", „billig" oder „Sonderangebot".

Der Knaller: Sonderangebote

Diese Dimensionierungen sind dabei nicht zufällig, sondern dahinter steckt ein System, das man einfach nur kennen muss.

6. Die magische „9" beim Schwellenpreis

Die Spritpreise sind hierfür ein gutes Beispiel.

Paradebeispiel Benzinpreis

Der Liter Benzin wird z. B. für 1,14^9 € angeboten. Da fragt man sich doch oft, warum nicht gleich 1,15 € – wäre doch egal. Das ist eben nicht egal!

Diese 0,9 Cent bedeuten nichts weiter, als durch den Verzicht auf 0,1 Cent die Schwelle von 1,15 € zu unterschreiten.

Beim Benzinpreis erlebt der Verbraucher bereits den Sprung über die 1,20-€-Grenze: Jetzt ist Sprit richtig teuer!

Doch die Gewöhnung wird einsetzen – und die nächste Barriere heißt dann 1,50 € – die dann eben mit 1,49^9 € gehalten wird.

Alle Artikel mit solchen Preisen wie –,99 oder 1,99 oder 4,99 und 9,89 sind im Bewusstsein der Kunden Billigartikel – egal, wie ihr tatsächlicher „Wert" sein mag.

4 *Der Preis – pure Magie*

Der haarscharf unter einer Preisschwelle angesetzte Preis wird immer emotional als deutlich günstiger empfunden als der Preis, der nur gering über der Schwelle liegt.

Vergleichen Sie selber: welche Schuhe sind günstiger, Schuhe für 198 € oder für 207 €?

Je wertvoller ein Artikel wird, umso schneller verschwindet das Komma, hören die 9er-Ziffern auf, die Zahlen werden immer glatter, bis dann der Luxuswagen eine Investition von 165 000 € erfordert.

Wie wichtig die Fantasie im Preisgespräch ist, wird im nächsten Abschnitt deutlich.

7. Fantasielosigkeit kostet bares Geld

Stellen Sie sich vor, Sie beten einen wundervollen Menschen an und möchten diesem eine Überraschung, etwas Einmaliges, etwas sehr Persönliches schenken. So weit der Vorsatz.

Der Vorteil des Besonderen

Nach kurzem Nachdenken fangen Sie an, ein Gedicht zu schreiben – ein wirkliches Liebesgedicht! Gelingt Ihnen dieses Vorhaben, dann haben Sie tatsächlich alle Punkte des Vorsatzes erfüllt, und Sie können davon ausgehen, dass dieses Geschenk lange in Erinnerung bleibt und Sie natürlich auch!

Sollten Ihnen allerdings die Fähigkeiten fehlen, ein Gedicht zu schreiben, bleibt Ihnen nur die Möglichkeit, einen Gedichtband zu kaufen und den zu verschenken. Das ist leider nur noch halb so originell. Wenn Sie alles auf eine Karte setzen, das Gedicht abschreiben und mit Ihrem Namen versehen, darf Ihnen alles passieren, Sie dürfen nur nicht erwischt werden. Sollte das passieren, vergessen Sie die Geschichte.

4 Fantasielosigkeit kostet bares Geld

Kurz gesagt: Entweder Sie haben eine einmalige Idee, oder wenn nicht, kostet Sie das Geld. Wenn Sie das auch nicht haben, wird's schnell kriminell.

Für LoveSeller ist dieses Beispiel nur eine Erinnerung an einen ganz wesentlichen Punkt: wem es im Verkaufsgespräch gelingt, das Besondere eines Produktes herauszustellen, der hat deutlich weniger Probleme mit dem Preis.

Von der Spitze bis zum tiefen Preiskeller gibt es mindestens sieben Stufen:

Unique Selling Proposition

Wer einen USP hat, also etwas mit einem „einzigartigen verkaufenden Anspruch", der muss sich über den Preis keine Gedanken mehr machen, dem wird sein Produkt, seine Idee oder Dienstleistung regelrecht aus der Hand gerissen.

Das Super-Produkt

Der Rubik-Cube, der Zauberwürfel etwa, ist ein Produkt mit einem USP. Es gab kein Vergleichsprodukt, alle wollten den Würfel drehen, der Preis spielte keine Rolle.

Der überzeugende Vorteil

Wer mit seinem Produkt einen überzeugenden Vorteil deutlich machen kann, der hat ebenfalls gewonnen. Der Vorteil muss allerdings für den Kunden von Bedeutung sein, nicht für den Verkäufer.

Kundenvorteil

Der erlebbare Nutzen

Wer seinem Kunden einen erlebbaren Nutzen anbieten kann, hat Glück gehabt. Er kann einen guten Preis realisieren: Jemand kauft sich eine Stereo-Anlage. Auf die Bemerkung, die Anlage sei aber ungewöhnlich teuer, antwortet der Verkäufer: „Überlegen Sie, sie kann Töne wiedergeben, die das menschliche Ohr überhaupt nicht hört!"

Einzigartigkeit

4 Der Preis – pure Magie

Der deutliche Unterschied

Spezial-Effekt

Da sich viele Produkte immer ähnlicher werden, ist es zwingend notwendig, Unterschiede herauszuarbeiten, und seien sie noch so gering oder aberwitzig. Bananen sehen ziemlich gleich aus, bis man sie Chicita nennt! Jeans sind auch kein besonders originelles Produkt, es sei denn, man wäscht sie komplett kaputt – um sie dann zu verkaufen!

Die gewünschte Auswahl

Protestkäufe

Manchmal kaufen Kunden eine Sache nicht aus Überzeugung, sondern um ein vergleichbares Produkt nicht zu kaufen. Man kann also durchaus mit Protestkäufern gute Geschäfte machen.

Der unterschiedliche Preis

Preisunterschiede

Wenn die Produkte sich nicht mehr unterscheiden, dann kann tatsächlich nur noch der Preis helfen, den Produktunterschied zu suggerieren. Aber: Es ist zu einfach, nur den Preis zu senken, um einen Unterschied anzubieten. Besser, Sie erhöhen den Preis.

Das bittere Ende

Rabatt vermeiden

Wenn nun weder Produktvorteile zu sehen sind noch Unterschiede erlebbar noch der Preis einen Sinn ergibt, werden die Kunden immer nach einem Rabatt fragen. In Trainerkreisen sagt man: Rabatt ist das arabische Wort für Untergang! Wer seinen Gewinn verschenkt, muss und soll Konkurs anmelden!

Es gibt ja nicht nur die Preis-Treppe, die in den Keller führt. Love-Seller bauen aus den Wünschen, Träumen, Anforderungen und Notwendigkeiten des Kunden eine Preis-Pyramide, um die es im folgenden Abschnitt geht.

Die Preis-Pyramide **4**

8. Die Preis-Pyramide

So, wie eine Pyramide von unten nach oben gebaut wird, baut sich auch der Preis von unten nach oben auf.

Preisarten

Der Basispreis

Mit diesem Preis, unabhängig von seiner absoluten Höhe, wird immer nur die Basisleistung bezahlt. Es gibt keinen Service, keine Beratung, keine Zusatzleistung – nur das Produkt. Beispiel für Geschäfte, die nur den Basispreis berechnen, sind Abholmärkte ohne Verkäufer, ohne Lieferung, ohne Montage etc. Dieser Preis ist auch nicht verhandelbar. Darunter geht nichts mehr.

Nicht verhandelbar

LoveSeller findet man in dieser Preisgruppe niemals!

Das Schnäppchen

Dieser Preis ist für den Kunden unerwartet günstig. Dieses überraschende Gefühl beim Käufer wird dadurch hervorgerufen, dass das Schnäppchen nur begrenzt zu haben ist. Entweder zeitlich, wie bei einem Sommer-Schlussverkauf, oder aber stückzahlabhängig, beispielsweise ein Auto mit einer Sonderausstattung, von dem es nur 1000 Exemplare gibt. Fällt eine der beiden Größen weg, ist auch das Thema Schnäppchen erledigt.

Kurzzeitwirkung

Ein besonderes Merkmal beim Schnäppchen ist weiterhin, das es zu keinen Sonderwünschen des Kunden kommen darf. Am Beispiel einer Reise deutlich gemacht: ein Super-Spar-Last-Minute-Angebot heißt eben: fester Flugtermin, festes Hotel, festes Datum, fester Rückflug, beschränktes Gepäck, kein Reiserücktritt möglich. Nach dem Motto: so günstig, ohne jede Veränderung – oder gar nicht.

LoveSeller haben in dieser Preisgruppe nur die Aufgabe, die Ware oder Idee akzeptabel zu machen – mit geringstem Zeiteinsatz!

4 *Der Preis – pure Magie*

Der Low-Budget-Preis

Annehmbarer Warenpreis

Dieser Preis-Typ wendet sich an ein Kundensegment, das nach der Logik des kleinen Geldbeutels entscheidet. Das zu kaufende Objekt darf nicht unbedingt billig sein, das Risiko schlechter Qualität ist zu hoch. Gleichzeitig sollte es vom Gesamtwert her gesehen jedoch nicht das vorhandene Budget sprengen.

LoveSeller können hier dem Kunden tatsächlich helfen, die größeren Vorteile in einem wertvolleren Objekt zu entdecken.

Der Soll-Preis

Normalpreis

Hierbei handelt es sich um den normalen Preis. Das ist genau das, was der Kunde erwartet. Nicht mehr und nicht weniger. Hier tummeln sich allerdings die meisten Unternehmen mit ihren Angeboten.

In diesem Preissegment werden jetzt LoveSeller zum ersten Mal gefordert. Es kann beispielsweise darauf hinauslaufen, dass allein der Sympathiegewinn durch den Verkäufer den Ausschlag gibt zum Kauf, obwohl kein Preis- oder Produktvorteil gegeben ist.

Der Plus-Preis

Das persönliche Plus

Jetzt hebt sich die Ware oder Idee schon deutlich vom durchschnittlichen Marktangebot ab – sachlich und preislich. Wichtig ist dabei, dass jedes „Plus" für den Kunden ganz persönlich ein Plus sein muss! Und dieser Vorteil muss realisierbar sein. Und glauben Sie bitte nicht, dass der Kunde von allein darauf kommt.

Ein typisches Beispiel für einen Plus-Preis ist bei Mercedes die automatische Türverriegelung in der E-Klasse. Natürlich kauft sich kein Mensch ein Auto, nur weil es bei einer Fahrgeschwindigkeit ab 8 km/h automatisch die Türen verriegelt. Aber wenn es das kann, umso besser …!

Die Preis-Pyramide **4**

LoveSeller helfen durch Ihre Argumentation dem Kunden, das Plus zu entdecken. Wenn Sie Ihre Aufgabe richtig machen, dann hören Sie die entsprechenden Äußerungen wie: „Das ist ja interessant, da hätte ich nicht mit gerechnet, gut, dass Sie das sagen!"

Der Exzellent-Preis

Preise dieser Art lösen regelrecht Begeisterung beim Kunden aus! Die zentrale Äußerung lautet: „Ein Traum! Das ist ja wie für mich gemacht!" Der Exzellent-Preis erfüllt dem Kunden jeden Wunsch. Das kann z. B. eine StereoVideoAudio-Anlage von Bang & Olufson sein, die ästhetisch dem Lebensstil des Kunden entspricht. Das kann aber auch eine Jeans sein, die maßgeschneidert nur dem einen konkreten Kunden passt, vielleicht ist es ein Fahrrad, das exakt nach den Körpermaßen des Kunden gefertigt wird.

Maßgeschneidert muss es sein

Der Exzellent-Preis stellt natürlich auch seine Anforderungen an den LoveSeller: der Kunde will die volle Leistung, dann darf er auch den Wert in die Leistung investieren! Hier gilt: Kein Nachlass, niemals einen Rabatt gewähren! Jedes Zugeständnis raubt dem Exzellent-Preis seine großartige Faszination!

Der Luxus-Preis

Die höchste Preis-Stufe für ein Produkt oder eine Dienstleistung ist der Luxuspreis. Das Besondere an diesem Preis ist, dass er im wesentlichen unbekannt bleibt. Sowohl der Käufer eines Luxusartikels als auch der Verkäufer halten eine ganz besondere Spielregel ein: während des gesamten Verkaufsgesprächs darf keiner von beiden auf den Preis zu sprechen kommen.

Die unbekannte Größe

Würde der Verkäufer auf den Preis in irgendeiner Form eingehen, erklärend, verteidigend oder hervorhebend, würde er dem Kunden die Freude des Luxus-Kaufes nehmen. Umgekehrt, die Frage des Kunden nach dem Preis würde ihn wiederum als unwürdigen Luxus-Preis-Kunden entlarven.

4 Der Preis – pure Magie

Fingerspitzen-gefühl!

In keinem anderen Preis-Segment verlangt LoveSelling® soviel Fingerspitzengefühl vom Verkäufer wie auf diesem Niveau!

Unabhängig davon, um welchen Preis und um welche Höhe es sich handelt, die Art, wie Sie ihn präsentieren, ist letztlich erfolgsentscheidend! Deshalb ...

9. Verpacke den Preis!

Auch wenn es keiner gerne zugibt, McDonald's ist ein sehr erfolgreiches Unternehmen – weltweit! Nun ist die Erfindung der Fleischbulette in so einem „Hamburger" ja nicht neu. Wie alt der deutsche Klops, die Frikadelle oder die Bulette nun genau sind, ist mir nicht bekannt. Die Frage: Wieso hat der Hamburger die einfache Frikadelle geschlagen?

Das besondere „Drumherum"

Die Antwort ist einfach: Die Frikadelle des Hamburgers ist in einem Brötchen verpackt, ausgestattet mit Salaten und Soßen. Entscheidend ist allein das Brötchen. So ist es nämlich jedermann möglich, einen heißen Fleischklops zu essen, ohne sich die Finger fettig zu machen oder gar zu verbrennen.

4 *Verpacke den Preis!*

Und genau davor haben viele Verkäufer Angst – sich am Preis den Mund zu verbrennen! Tatsächlich ist die Gefahr in einem Verkaufsgespräch besonders groß, den Preis einer Leistung „nackt" zu nennen. Auf die klassische Frage des Kunden: „Was kostet das?" kommt die Antwort des Verkäufers: „5 000,– Euro!". Die typische Reaktion ist dann: „Zu teuer!" Interessant ist in diesem Zusammenhang: Es spielt überhaupt keine Rolle, wie „hoch" oder wie „tief" der jeweilige Preis ist. Wird ein Preis „nackt" genannt, ist die Reaktion des Kunden immer: „Zu teuer!"

Niemals den „nackten" Preis nennen

Damit Sie sich als LoveSeller zukünftig nicht den Mund verbrennen, lernen Sie, jeden Preis zu verpacken!

Die Formel lautet: Vorteil-Vorteil-Preis-Vorteil-Vorteil.

Ein praktisches Beispiel:

Kunde: „Was kostet diese Bohrmaschine denn nun komplett?"

Dazwischen ... der Preis

Verkäufer: „Klar, dass Sie diese wichtige Frage jetzt stellen – Wie Sie selber prüfen, dreitausend Umdrehungen sorgen für bequemes Bohren im Stahlbeton, Cadmiumzangen sorgen für perfekten Halt der Bohrer bis 18 mm. 298,– €, und was für Sie besonders wichtig ist, Sie können jederzeit weitere Geräte an das Grundgerät anschließen, und darüber hinaus haben Sie noch eine Funktionsgarantie nach deutschem Recht von einem Jahr!"

Wenn Sie nun aber sagen: „Mensch Trainer, was mach ich denn, wenn ich das Verpacken vergessen habe?" Bestimmt nicht den Kopf hängen lassen! Das Mindeste an Verpacken, was Sie als LoveSeller aber wirklich drauf haben müssen, ist folgende Variante:

Egal, worum es sich dreht, ob Ware oder Dienstleistung, bitte beantworten Sie die Frage des Kunden „Was kostet denn das?" so:

„Sie bekommen diese Leistung für … Euro!"

4 Der Preis – pure Magie

Es gibt nun immer noch Kunden, denen „schmeckt" ein so schön verpackter Preis trotzdem nicht. Es kann deswegen zu dem kritischen Augenblick des Preisvergleichs kommen. Für LoveSeller heißt es jetzt …

10. Leistungs- statt Preisvergleich

Einmal angenommen, ein Kunde erkennt den für ihn gültigen „Wert" einer Sache. Dann wird er auf den entsprechenden Preis zustimmend reagieren, vielleicht mit der knappen Bemerkung: „Einverstanden – einpacken!"

Es ist auch möglich, dass er laut losruft:

„Mensch, das ist *aber* teuer!"

Die Leistung wird bezahlt!

Würden Sie jetzt Ihren Preis erklären oder gar rechtfertigen, wär's ein dummer Fehler. Denn – der Kunde ist bei diesem Ausruf in Wirklichkeit grenzenlos begeistert! Wissen Sie, was der Kunde hier zum Ausdruck bringt?

Er freut sich!

Er ist erstaunt darüber, was er sich da Wertvolles leisten wird!

Er drückt seinen Stolz aus!

Er entdeckt sich selber als eine Besonderheit!

Verstärken Sie seinen Eindruck – die einfachste Form wäre hier das zustimmende Ja-Nicken. Sie können auch durch Worte wie „Genau!" den Kundeneindruck verstärken bis hin zur meisterhaften LoveSelling®-Formulierung, die dann so geht:

Kunde: „Das ist aber teuer!"

Verkäufer: „Genau – Sie haben Recht! Ich möchte aber auch nicht wissen, was Sie mit Ihrem Verkäufer (meint sich damit selbst) machen würden, wenn der Ihnen was Billiges vorgeschlagen hätte!"

Leistungs- statt Preisvergleich 4

Ganz anders verhält sich die Situation, wenn der Kunde sagt:

„Das ist *zu* teuer!"

Dieser Kundenausruf sagt Ihnen ganz eindeutig, dass der Kunde jetzt einen Preisvergleich vornimmt. Was Sie nicht wissen können, ist, womit der Kunde den gerade eben von Ihnen genannten Preis vergleicht!

Den Preisvergleich ...

Das bedeutet: Wenn ein Kunde auf Ihren Preis ausruft „Das ist zu teuer!", dann müssen Sie zunächst erforschen, ob er Ihren Preis „vergleicht"!

Fragen Sie ihn deshalb: *„Im Verhältnis wozu?"*

Es gibt jetzt zwei Antwortmöglichkeiten. Entweder faselt der Kunde so etwas wie:

„Na ja, es ist ja schließlich alles so teuer geworden!",

und Sie wissen dann, dass das nichts mit Ihrer Leistung zu tun hat. Sie können jetzt natürlich noch nachschieben und dem Kunden sein Empfinden mit der Aussage bestärken:

„Sie haben ja so Recht – !"

(kleine Pause – ziehen Sie jetzt die Schultern hoch, Unschuldsblick – Pause)

Die andere Möglichkeit ist viel dramatischer: Sie müssen damit rechnen, dass der Kunde schon bei einem anderen Verkäufer war, um sich dort einen Vorschlag machen zu lassen. Bitte jetzt auch die Nerven behalten: Wenn das Angebot des anderen Verkäufers überzeugend gewesen wäre, dann hätte der Kunde doch gekauft, oder?

... nicht scheuen

Also hat das konkurrierende Angebot nicht überzeugt. Das bedeutet doch, dass der Kunde eigentlich zwei unterschiedliche Ideen und nicht zwei unterschiedliche Preise vergleicht!

Das bessere Produkt

4 *Der Preis – pure Magie*

Deshalb nutzen LoveSeller das folgende Gesprächsmuster:

K: „Das ist zu teuer!"

V: *„Im Verhältnis wozu?"*

K: „Ein anderer Verkäufer hat etwas ganz anderes gesagt!"

V: „Gut, dass Sie darauf hinweisen, wie lautete denn der Vorschlag …?"

oder eine Variante:

K: „Mir ist das viel zu teuer!
Da hat man mir aber etwas ganz anderes erzählt!"

V: *„Im Verhältnis wozu* hat man Ihnen etwas anderes erzählt?"

K: „Ich hab' da eine Nachbarin, die hat so etwas Ähnliches gekauft, das hat aber nur die Hälfte gekostet …"

Auch hier können Sie als Verkäufer jetzt in Ruhe nachfragen, womit der Kunde Ihren Vorschlag jetzt vergleicht.

In jedem Fall erkennen Sie einen elementaren Punkt:

Im LoveSelling® besteht niemals die Notwendigkeit, dass Sie sich für den Preis einer Leistung rechtfertigen!

11. Endlich: das „Ja" des Kunden!

Stellen Sie sich bitte vor, Ihr Verkaufsgespräch fruchtet beim Kunden und dieser sagt aus wirklicher Überzeugung: „Ja, mit diesem Vorschlag bin ich einverstanden!", oder vielleicht nickt er auch nur kurz und murmelt: „O.K.!"

Jetzt kommt es zum abschließenden Höhepunkt für einen erfolgreichen Kommunikator!

4 *Endlich: das „Ja" des Kunden!*

Sie erinnern sich bestimmt an den Hinweis, dass das Verkaufsgespräch für beide, Verkäufer und Kunde, eine gewisse Belastung darstellt. Das hat einen einfachen Zusammenhang.

Der Verkäufer achtet während des ganzen Gesprächs sorgfältig darauf, ja keinen Fehler zu machen, der zur Ablehnung des Angebotes führen könnte.

Auf die Anspannung ...

Der Kunde hingegen will auch keinen Fehler machen – er ist vorsichtig genug, ständig darauf zu achten, nicht übervorteilt zu werden! Diese Vorsicht ist generell notwendig und kein spezielles Misstrauen!

In dem Augenblick aber, in dem der Kunde „Ja!" sagt, lässt diese Anspannung nach! Der Kunde ist froh, die Entscheidung getroffen zu haben. Es besteht also auch keine Notwendigkeit für weitere „Vorsichtsmaßnahmen". Im Gehirn des Kunden wird sozusagen Entwarnung gegeben!

... folgt die Entspannung

Und diese Gelegenheit nutzen Sie bitte sofort! Sie haben höchstens 20 Sekunden Zeit! Zeit wofür? Sie haben jetzt 20 Sekunden Zeit, den Kunden für die Richtigkeit seiner Entscheidung zu loben und ihn darin zu bestätigen!

Sofort loben

Bitte sprechen Sie den folgenden Text sanft und ohne jeden inneren Druck aus. Das hört sich dann vielleicht so an:

- „Sie haben eine gute und richtige Entscheidung getroffen!"
- „Sie werden sehr zufrieden sein!"
- „Diese Investition wird sich auszahlen!"
- „Freuen Sie sich darauf, bald stolzer Besitzer von xy zu sein!"

Und nun kommt das Verblüffende: Diese Nachrichten gehen dem Kunden „ungefiltert" unter die Haut, und Ihr Kunde wird dafür sorgen, dass diese Vorhersagen wahr werden!

Das geht unter die Haut

4 *Der Preis – pure Magie*

Er hat die Gewissheit, eine richtige Entscheidung getroffen zu haben. Er wird zufrieden sein, seine Investition wird sich auszahlen, er wird sich lebhaft freuen. Und natürlich genießt dieser Kunde seine getroffene Entscheidung!

Liebespartner wiederholen diesen „Vierersatz des Glücks" als ständige Einrichtung. Ein Liebespaar muss sich immer wieder darin bestärken, dass es

- eine richtige Entscheidung getroffen hat,
- gemeinsam glücklich sein wird,
- dass die Gemeinsamkeit sich auszahlt,
- dass es sich jetzt schon lohnt, sich auf die Zukunft zu freuen!

Wenn Sie an dieser Stelle des Gesprächs angekommen sind, dann haben Sie als professioneller Kommunikator wirklich alles richtig gemacht! Herzlichen Glückwunsch!

Keine Angst vor dem Krach 5

1. Das „Ja" und die Folgen 160
2. Jede Nachlässigkeit ist tödlich 161
3. Auf den Stil kommt es an 162
4. Tägliche Routine ist wie Abschied nehmen 163
5. Schreie, damit ich dich höre! 165
6. Bitte keinen Rosenkrieg 170
7. Ich will dich nicht verlieren! 173

1. Das „Ja" und die Folgen

Natürlich hat es Folgen, wenn Kunde und Verkäufer zu Angebot und Preis „Ja!" sagen. Und natürlich hat es auch Konsequenzen, wenn zwei Menschen zueinander „Ja!" sagen.

Das LoveSelling®Project wäre unvollständig, wenn die Geschichte des Liebespaares nicht weiter geschrieben würde. Schließlich folgt auf den Zustand „verliebt" so lange die Wiederholung, bis der Augenblick kommt, wo aus einem verliebten Paar ein liebendes Paar wird.

Nur kurze Zeit verliebt

Der Zustand des Verliebtseins dauert nicht für alle Zeiten. Das würde unser Gehirn wohl auch nicht aushalten, ständig so viel Aufputschmittel im Körper verarbeiten zu müssen. Folgt man der Autorin Helen Schneider in „Anatomie einer Liebe", dann ist der Zustand des Verliebtseins in den meisten Fällen nach 18 bis 30 Monaten vorbei. Eigentlich schade.

Opiate des Gemüts

An seine Stelle tritt ein noch viel schwieriger zu erklärendes Gefühl – die Zuneigung. Jetzt übernehmen die Opiate des Gemüts, als Glückshormone bezeichnete Endorphine, die Herrschaft. Endorphine wirken beruhigend auf den Menschen und vermitteln Gefühlseindrücke wie Sicherheit, Zuverlässigkeit und Seelenruhe.

Nun verspüren Liebende immer den Wunsch, sich nie wieder zu verlassen, ewig zusammen zu sein. Liebende gehen mit größter Begeisterung Bindungen ein. Vielleicht wird daraus sogar eine Ehe! Manchmal sind die Gründe für eine Heirat sehr praktischer Art: es geht dann vielleicht um eine ersparte Miete o. Ä. Aber das ist doch sehr unromantisch. Tatsächlich heiraten heute die Liebenden weniger aus wirtschaftlicher, kultureller, politischer oder familiärer Not heraus.

Sich die Waage halten

Der amerikanische Anthropologe Paul Bohannan hat einen Satz entwickelt, der durch Helen Fischer erweitert wurde und nun lautet: „Wir heiraten aus Liebe und um unser privates Ich auszugleichen oder in bestimmten Zügen zu kaschieren."

5 Jede Nachlässigkeit ist tödlich

Auch wenn dieser Satz ein wenig gestelzt klingen mag, er hilft zu verstehen, weshalb ausgerechnet der schüchterne Buchhalter die wasserstoffblonde Sexbombe heiratet und sie ihn!

Wenn man jetzt diese Begriffe wie Zuneigung, Sicherheit, Zuverlässigkeit und Seelenruhe genauer betrachtet, dann ist doch der folgende Schluss nachvollziehbar: diese Begriffe sind selbstverständlich auch für eine wirtschaftliche Beziehung zutreffend und in ihrer Anwendung nützlich und für beide Seiten förderlich!

Klassische Anforderungen an den Partner

Vielleicht ist es gerade in Bereichen, in denen es um wirtschaftliche, politische oder kulturelle Dominanzen geht, wichtig, Partner zu haben, die die Begriffe Sicherheit, Zuverlässigkeit und Seelenruhe inhaltlich ausfüllen können. Das würde dann den Wunsch nach dauerhaften Kunden-Lieferanten-Verhältnissen erklären. Und das wiederum würde die ganz besonderen Chancen für LoveSeller deutlich machen.

2. Jede Nachlässigkeit ist tödlich

Wenn nun ein Paar, angefüllt von Zuneigung, seinen Daueralltag und seine Zukunft gemeinsam gestalten will, dann erwartet es offensichtlich eine Menge Gefahren, die es zu vermeiden gilt. Schließlich beweist unser tägliches Leben, wie vergänglich Zuneigung ist.

Lieber gleich korrigieren

Zunächst: das verflixte siebente Jahr gibt es gar nicht. Statistisch ist die höchste Trennungsrate im vierten Jahr zu beobachten. Vielleicht ist in diesem frühen Stadium der Glaube an eine zweite Chance noch so positiv besetzt, dass das Handlungskonzept lautet: lieber jetzt eine Korrektur, lieber ein Ende mit Schrecken als ein Schrecken ohne Ende.

Gefahrensituation

Doch was lässt eine Beziehung erkalten? Gibt es einen Kardinalfehler, den Männer und Frauen gleichermaßen begehen? Ein ganz offensichtlicher Grund für das Auseinander-driften eines Paares sind Nachlässigkeit und Gleichgültigkeit.

5 *Keine Angst vor dem Krach*

Wer glaubt, nach der Hochzeit sei nun jede Anstrengung, dem Partner zu gefallen, überflüssig, der irrt sich gewaltig! Es ist die besondere Herausforderung in einer Ehe, sich auch weiterhin attraktiv zu pflegen, offen zu sein für die Interessen des Partners, Lebensumstände den sich wechselnden Bedürfnissen anzupassen.

Es gibt ein Leben vor dem Tode!

Achtung LoveSeller! Wer glaubt, nach der Auftragserteilung müsse man den Kundenwunsch nur noch abwickeln, der täuscht sich gewaltig! Prüfen Sie bitte, wie hoch der Aufwand ist, der in Ihrem Unternehmen für einen Neu-Kunden betrieben wird, und vergleichen Sie diese Energie bitte mit dem Aufwand, der einem Stammkunden zuteil wird. Erfahrungsgemäß ist der Aufwand, einen Kunden zu gewinnen, höher als der Aufwand, einen Kunden zu halten.

3. Auf den Stil kommt es an

Als Jugendlicher fiel mir etwas sehr Eigenartiges auf: Einige meiner Kumpels sagten so mit fünfzehn Jahren: „Heute treff' ich meine Alte!" Ich fand das sehr befremdlich, von seiner jungen Freundin als „Alte" zu sprechen! Was gibt es für schöne Kosenamen …!

Eine Frage des Stils

Und ich wurde den Verdacht nicht los, dass aus dieser ersten Formulierung „meine Alte" nie ein liebevoller Begriff werden kann. Es ist eine Frage des Stils!

Öffnen Sie Ihrer Frau die Autotür, damit sie bequem einsteigen kann? Registrieren Sie, von welcher Seite Sie in einem Restaurant bedient werden? Bedanken Sie sich nach einer Einladung mit Blumen bei den Gastgebern? Stehen Sie auf, wenn bei einem Meeting eine Dame oder Ihr Chef den Raum betritt?

Viele Menschen tun solche Fragen als Nebensächlichkeit ab!

Für LoveSeller gilt deshalb ganz besonders: der Umgang mit einem Kunden in einer Dauerbeziehung fordert Ihren Stil heraus. Der Umgangs-Stil unterstreicht ganz deutlich unseren Respekt vor dem anderen, zeigt wie wertvoll uns der andere Mensch ist. Die Art und Weise im Umgang verdeutlicht für den Kunden erlebbar, wie sehr wir ihn schätzen!

Ausdrücklich sei gewarnt vor Vertraulichkeit und dem Hoffen auf Nachsicht in schwierigen Situationen!

Keine Vertraulichkeiten

4. Tägliche Routine ist wie Abschied nehmen

Lassen Sie mich ein Bild zeichnen – Alltag nach über zwanzig Jahren Ehe. Die meisten Paare haben zu diesem Zeitpunkt ihrem Leben eine feste Struktur gegeben, man hat sich eingerichtet: Montags geht's vielleicht zum Kegeln, dienstags Volleyball mit Freunden, mittwochs Italienischkurs an der Volkshochschule, donnerstags wechselweise Lions-Club, Marketing-Club oder Sauna. Am Wochenende gibt es vielleicht ähnlich stabile Rhythmen, vom Golfspiel bis hin zu regelmäßigen Spaziergängen. Für viele Menschen ist ein so geregeltes Leben erstrebenswert.

Alltagsroutine

Doch die Gefahr steigt mit jedem festen Ereignispunkt: die Chance für Abwechslung, für Erneuerung sinkt! Und dann passiert auf einmal etwas, womit niemand rechnet – es folgt der massive Ausbruch. Urplötzlich, ohne jede Vorwarnung, zieht ein Partner die Notbremse und verursacht durch sein Verhalten eine radikale Veränderung.

Gewitter aus heiterem Himmel

Es gibt nur die Chance, dass sich beide Partner über die wachsenden Beengungen austauschen. Die immer knapper werdende Luft zum Thema machen. Allein im gemeinsam geführten Dialog ist die Chance enthalten, gemeinsam die Veränderungen durchzuführen.

Für LoveSeller ist diese Metapher überlebensnotwendig! So schön dauerhafte Kundenbeziehungen sind, sie tragen in sich einen explosiven Stoff. Viele Verkäufer vergessen, dass man sich seines

5 Keine Angst vor dem Krach

Kunden und seines Wohlwollens nie sicher sein darf. Routine in der Kundenbeziehung ist eine große Gefahr!

Dabei ist alles von trügerischer Schönheit! Die Aufträge kommen regelmäßig, man versteht sich, es gibt kaum Reibungsverluste. Es gibt auch immer weniger zu besprechen – ist doch eh' alles klar. Nichts ist klar!

Der Stammkunde springt ab

Doch irgendwann wird es passieren, da betritt ein anderer Verkäufer das Büro des Kunden. Er bringt in sein Gespräch, in sein Angebot keine Rabatte, keine Sonderkonditionen oder Ähnliches ein. Er macht nur ein aufregenderes Angebot! Auf die Spitze formuliert: er verführt den Kunden dazu, es einfach einmal auszuprobieren, woanders Kunde zu sein. An sich passiert wenig – und dennoch geschieht etwas Ungeheuerliches – die Kundenbeziehung ist zu Ende!

Als LoveSeller sollten Sie also über zwei Fähigkeiten verfügen:

- Sie brauchen die Klugheit, die Gefahr der Langeweile und Routine rechtzeitig zu erkennen, um durch attraktive Erneuerungen die Spannung in der Beziehung zu Ihrem Kunden offensiv zu gestalten.

- Sie brauchen die Fähigkeit, Kunden zu verführen! Nur so kommen Sie nämlich zu dem notwendigen Wachstum, das Sie und Ihr Unternehmen brauchen, um im Wettbewerb zu bestehen.

Das wird Sie nicht überraschen: der attraktivere Partner gewinnt beim Flirt! Deshalb wird sich auch das attraktivere Unternehmen im Wettbewerb durchsetzen! Sie sind Repräsentant Ihres Unternehmens, also entscheiden Sie mit Ihrer ganz persönlichen Attraktivität über die Wettbewerbschancen Ihrer Ideen, Dienstleistungen oder Produkte!

Wenn Sie interessiert, was nach Routine und Langeweile noch möglich ist, dann sollten Sie den nächsten Abschnitt nicht versäumen.

5. Schreie, damit ich Dich höre!

Die folgende Geschichte soll Ihnen ein besonderes Phänomen deutlich machen.

Stellen Sie sich vor, ein Vater kommt am Abend nach Hause. Er betritt das Haus und seine kleine Tochter kommt auf ihn zugerannt und ruft laut: „Papi! Papi! Ich habe mich so auf dich gefreut. Lass uns spielen!!" Der Vater, noch ganz in Gedanken, lehnt, mit dem Hinweis ab, er müsse doch erst einmal richtig ankommen. Die kleine Tochter lässt ihren Vater in Ruhe – sie kennt diese Antwort. Nach einigen Augenblicken kommt sie zurück und fordert ihren Vater erneut zum Spiel auf. Der Vater lehnt ab, er müsse zunächst die Zeitung lesen. Wieder geht die kleine Tochter, um erneut nach einigen Minuten zum Spiel aufzufordern. Jetzt lehnt der Vater ab, weil er die aktuellen Fernsehnachrichten sehen will. Nach weiteren fünf Minuten startet die kleine Tochter einen letzten Versuch. Jetzt lehnt der Vater ab, weil er dringend auf eine Veranstaltung müsse.

Suche nach Aufmerksamkeit

Während der Vater sich nun umzieht, um das Haus zu verlassen, geht die süße Kleine in das Wohnzimmer, sieht auf einem Sideboard eine wunderschöne alte chinesische Vase. Und was tut sie? Sie ahnen es schon …! Mit einem trockenem Knall zerbricht die Vase.

Der Vater, in der Tür, hört den Knall, ahnt das Malheur, rennt in das Wohnzimmer und gibt seiner Tochter voller Zorn ein kleinen Klaps auf den Po. Die Süße brüllt los! Die Mutter kommt ebenfalls angerannt (vielleicht sogar froh, dass die Vase endlich weg ist), beschimpft allerdings ihren Mann, was ihm denn nun einfiele, die Tochter zu schlagen. Die Eltern kriegen sich kurzerhand kräftig in die Haare!

Oma wohnt auch im Haus. Hört den Krach, geht zu dem Enkeltöchterchen, nimmt dieses auf den Arm und schenkt ihr ein Überraschungs-Ei. Ende der Geschichte.

Da taucht doch jetzt die Frage auf: Wie geht es dem kleinen Mädchen? Gut oder schlecht?

5 Keine Angst vor dem Krach

Die Strategie ändert sich

Was wollte das Mädchen eigentlich? Es wollte mit seinem Vater spielen. Spielen ist für ein Kind mehr als nur Zeitvertreib. Spielen mit dem Vater hat etwas mit Gemeinsamkeit, Entdeckung, Ausprobieren, Zuwendung und alles in allem auch ein Menge mit Liebe zu tun. Dieser Wunsch wurde jedoch mehrmals abgelehnt. Reaktion beim Kind – es ändert seine Strategie.

Und siehe da, nachdem die Vase kaputt war, hatte der Vater auf einmal doch Zeit(!), das Verhalten des Kindes wurde durch den Streit von Vater und Mutter thematisiert und außerdem gab es auch noch als Belohnung ein Überraschungs-Ei!

Die Voraussage ist jetzt relativ einfach: Wenn der Vater sein Verhalten nicht verändert, wird die Tochter ihre entdeckte Erfolgsstrategie ebenfalls beibehalten! Und das hat sie gelernt: Wenn Ihr meine Liebe nicht wollt, dann werde ich aggressiv!

Könnte es nicht sein, dass sehr viele Menschen die Erfahrung machen müssen, dass ihr Wunsch, von anderen Menschen ernst genommen zu werden, Lob und Anerkennung zu bekommen, nicht erfüllt wird?

Wenn Sie dann bitte berücksichtigen, dass Lob und Anerkennung für den Menschen so wichtig sind wie Vitamine, dann wird schnell deutlich, dass die Menschen sehr wohl ihre täglichen sieben Streicheleinheiten brauchen – und sich diese notfalls durch Aggression holen!

Aggression ist oft eine Reaktion und ...

Schlussfolgerung: das Verhalten Ihres Partners, in der Bandbreite von Schmollen, Nörgeln, Maulen, Schimpfen bis hin zum wilden Toben könnte etwas damit zu tun haben, dass der Auslöser für diese Reaktionen mangelnde Anerkennung ist.

Noch eine Geschichte: Angenommen, eine Hausfrau kocht und kocht und kocht, und ihr Mann sagt kein einziges Wort des Lobes. In dieser Geschichte ist sie wirklich eine gute Köchin. Was soll sie tun? Sie wird immer schlechter kochen, bis sie vielleicht zur letzten Möglichkeit greift und das Essen versalzt!

Schreie, damit ich dich höre! 5

Eine gewagte Unterstellung: weil Millionen von Männern Ihre Frauen nicht loben, kochen diese absichtlich schlecht, was im Übrigen die These dieser Männer bestätigt!

Es ist eine ganz allgemeine Erfahrung, die jeder heute macht: wer Aufmerksamkeit auf sich ziehen will, aus welchen Gründen auch immer, hat mehr Erfolg, wenn er sich aggressiv, störend, fordernd, andere nervend, kurzum „reklamierend" verhält.

... führt zu mehr Aufmerksamkeit

Reklamieren, aus dem Lateinischen kommend, heißt laut Duden „dagegenschreien, widersprechen". Im Wort Reklamieren steckt ebenfalls der Begriff Reklame, also laut auf sich aufmerksam machen.

Reklamieren hilft

Eine Frage an Ihre Erfahrung: Ist Ihnen auch schon manchmal die Frage durch den Kopf gegangen, weshalb so viele Reklamationen eigentlich grundlos sind? Haben Sie eine Erklärung dafür, weshalb manchmal Nörgler total nervend und ohne Grund herumschimpfen? Kennen Sie auch Kunden, die immer nörgeln, egal warum?

Wenn man jetzt folgende Einschränkung vornimmt, dass ein Kunde direkt bei einem Neukauf ein defektes Gerät erhält, also ein unumstößlicher, objektiver Grund zur Reklamation vorliegt, und dass diese Form der Reklamation für den Fortgang unserer gemeinsamen Betrachtungen ausgeschlossen ist, dann werden Sie sich gleich wundern …

Reklamationen entwickeln sich langsam. Wieder kann das Verhalten eines Liebespaares helfen.

Die Stimmungsschwankungen

Das sind kleine, fast unmerkliche Stimmungsschwankungen, kaum spürbar. Man ahnt nur, dass irgend etwas nicht stimmt. Die Stimme der Liebsten hat vielleicht einen ungewohnten Unterton, der schwierig einzuordnen ist. Die meisten Liebenden wissen aber eine Lösung des Problems: sie erhöhen die Aufmerksamkeit, die Art der Zuwendung.

www.metropolitan.de

5 Keine Angst vor dem Krach

Anfängliche Verstimmung

Für LoveSeller gilt: auch Ihr Kunde wird zunächst mit einer Verstimmung reagieren, wenn er der Auffassung ist, dass ihm zu wenig Zuwendung zuteil wird.

Das Klagegespräch

Ist einer von beiden in einer Paarbeziehung mit dem aktuellen Zustand nicht einverstanden, kommt es zu einem Klagegespräch, das durchaus zärtlich und liebevoll klingen kann. „Du kommst immer so spät! Ich vermiss Dich so!" Mit dem Hinweis, zukünftig wieder früher nach Hause zu kommen, ist vielleicht diese Situation im Augenblick zu retten.

Sich um Verbesserungen bemühen

Für LoveSeller gilt: Genau das macht auch der Kunde. Er beklagt, wenn auch liebevoll, beispielsweise, dass das früher alles viel einfacher war bei der Bestellung. Oder dass man früher den Chef noch direkt anrufen konnte. Heute, na ja …! Hier kann tatsächlich kurzfristig Abhilfe geschaffen werden, wenn der Verkäufer Bereitschaft zeigt, sich um eine entsprechende Verbesserung zu kümmern.

Der erste Hinweis auf die Konkurrenz

Vorsicht Konkurrenz

Um im Beispiel zu bleiben: mit dem Früher-nach-Hause-kommen wird das nichts. Jetzt eskaliert der Vorgang, mit dem Hinweis: „Holger", der Verflossene, „ist aber immer früher zu Hause! Übrigens, er fährt jetzt mit seiner neuen Freundin über Ostern zwei Wochen nach Spanien!" Die Sache wird langsam gefährlich! Vielleicht kann man die Situation noch einmal retten und ebenfalls zwei Wochen Urlaub in die Waagschale werfen.

Für LoveSeller gilt: es wird langsam teuer! Der Hinweis auf die Konkurrenz wird meistens durch einen besonders günstigen Probekauf unterstrichen. Der Kunde setzt unter Umständen noch einen drauf und verlangt als Wiedergutmachung – „… Sie haben mich ja in die Arme der Konkurrenz getrieben!" – einen Preisnachlass!

Schreie, damit ich dich höre! **5**

Die Drohung mit Konsequenzen

Mit der offenen Drohung „Wenn du nicht …, dann werde ich …!" ist zumindest für einen der Partner der Zustand der Ohnmacht erreicht. Häufig genug nehmen Partner erst diesen Zustand wirklich ernst. Und häufig genug ist dieser Punkt nur noch die Vorstufe für den letzten Schritt.

Für LoveSeller gilt: Wenn hier nicht intensiv auf die Klagesituation eingegangen wird, dann ist der Kunde weg. Halbherzige Reaktionen sind falsch und nur die Bestätigung für den Kunden, dass nichts mehr zu korrigieren ist.

Höchste Alarmstufe

Der Krieg

Hier sind nun der Fantasie keine Grenzen gesetzt! Es muss ja nicht immer in einem Rosenkrieg enden. Unerträglich beim Krieg ist die Begleitmusik des Selbstmitleids.

Und für LoveSeller gilt hier: Bitte keine Klage über die böse Konkurrenz! Denn dass es bis zu dem Punkt des Kundenverlustes kommen konnte, ist ausschließlich Sache des Verkäufers!

Ob Liebespaar oder Kundenbeziehung – für beide Fälle gilt: da die Reklamation nicht in jedem Fall oder prinzipiell zu verhindern ist, muss bereits auf den kleinsten Anlass angemessen reagiert werden.

Die wichtigste Empfehlung lautet: Reden Sie miteinander! Immer und rechtzeitig kommunizieren! Verlassen Sie sich darauf, dass Ihre Lebenspartnerin, Ihr Lebenspartner und Ihr Kunde sehr, sehr früh Signale der Unzufriedenheit senden. Die Schwierigkeit besteht nur darin, diese feinen Signale auch aufzufangen. Selbst wenn das gelingt, geht es noch darum, dem Sender zu signalisieren: „Ich habe Dich gehört!".

Reden ist Gold

5 Keine Angst vor dem Krach

6. Bitte keinen Rosenkrieg

Typisch für ein Reklamationsgespräch ist die Art und Weise, wie sich der oder die Reklamierende verhält und das eigene Anliegen vorträgt. Wundern Sie sich nicht, wenn Ihnen auch auffällt, dass dieser Stil der Reklamation privat und geschäftlich vorzufinden ist und sich u. U. überhaupt nicht voneinander unterscheidet.

Für LoveSeller gilt im Fall der Reklamation die strikte Einhaltung der folgenden Punkte:

Der Kunde ist sauer!

Kundenklage anhören

„So eine Schweinerei!", „Ich habe vielleicht eine Wut im Bauch!"

Deshalb: Niemals versuchen, den Kunden zu beruhigen! Erst dann, wenn der gesamte Ärger „raus" ist, können Sie überhaupt mit einem Menschen wieder reden.

Der Kunde will Recht bekommen!

Geben Sie dem Kunden Recht

„Ich will sofort Ersatz!", „Mein Geld zurück, sonst geh' ich zum Anwalt!"

Geben Sie Ihrem Kunden Recht – das Recht zur Reklamation! Ein ganz entscheidender Punkt. Viele Kunden haben die Erfahrung gemacht, dass man versucht, ihnen das Recht auf die Reklamation streitig zu machen. Deswegen, wahrscheinlich aus Angst, wird sofort mit den schwersten Geschützen aufgefahren. Noch einmal: Sagen Sie Ihrem Kunden klipp und klar, dass er richtig handelt, wenn er Ihnen seine Reklamation vorträgt!

Bitte keinen Rosenkrieg **5**

Der Kunde vergröbert die Fakten!

„Bei Euch geht doch immer alles schief!", „In letzter Zeit klappt doch gar nichts mehr!"

Zuhören!

Typisch für eine Reklamation sind Generalisierungen wie „Immer" und „Alles" oder auch „Heute wird doch Kundentreue nicht mehr belohnt!" Machen Sie in solchen Situationen Folgendes: drehen Sie Ihre Handflächen so, als würden Sie alle Vorwürfe dankbar entgegen nehmen, und nicken Sie leicht bejahend mit dem Kopf! Erst wenn die Wut verflogen ist, können Sie nachfragen, wann denn dieses „Immer" auftritt.

Der Kunde ist ungerecht!

„Ihr habt mich betrogen!", „Das habt ihr doch nur mir angetan – immer auf die Kleinen!"

Reagieren Sie gefühlvoll

Gerade wenn mit der schwachen Position argumentiert wird, Vorsicht! Hier hilft kein Argumentieren oder gar Zurechtweisen nach dem Motto: „Können Sie das denn überhaupt beweisen?" Lassen Sie sich zunächst nur den Umstand schildern, fragen Sie nicht nach Fakten, fragen Sie viel eher nach den Gefühlen, die der Kunde in der entsprechenden Situation hatte. Das ist der direkteste Zugang zum Reklamierenden.

Der Kunde ist unfair!

„Gerade von Ihnen hätte ich das nicht erwartet!", „Das ist doch wieder einmal typisch – auf Frauen kann man sich nicht verlassen!"

Widerstand zwecklos

Ganz klare Position für Sie: Widerstand zwecklos! Das ist vielleicht auch der gefährlichste Teil einer Reklamation. Hier kann es natürlich zu ganz bösen seelischen Verletzungen kommen! Deshalb brauchen Sie in einem Reklamationsgespräch die notwendige Nervenstärke, diese Klippe zu umschiffen. Selbstverständlich müssen

5
Keine Angst vor dem Krach

Sie nach Erledigung der Reklamation diesen Verletzungsgrad noch einmal besprechen und die Unmöglichkeit der Argumente deutlich machen.

Der Kunde will eine schnelle Entscheidung!

Hilfe anbieten!

„Ich verlange sofort den Chef!", „Das Gerät muss blitzartig repariert werden!"

Will der Kunde wirklich eine schnelle Abwicklung? Er will in keinem Fall mit seinem Problem auf der langen Bank landen. Hier kommt es deshalb entscheidend auf die Wortwahl an. Ein Beispiel:

Die sachgerechte Durchführung einer Reklamation benötigt vier Werktage. Zunächst die unglückliche Aussage: „Oh, oh – das kann dauern – da müssen Sie schon vier Tage warten – schneller geht das nicht – schließlich haben wir da noch ganz andere Fälle abzuarbeiten!" Können Sie sich vorstellen, wie der Kunde jetzt erst recht an die Decke geht?

Besser klingt es so: „Das Problem wird sofort angegangen – ich bringe das Gerät umgehend in die Serviceabteilung – schon in vier Werktagen bekommen Sie Ihr Eigentum zurück – das sind wir Ihnen schuldig!"

Der Kunde erwartet eine korrekte Handhabung!

Auf den Kunden eingehen

Machen Sie niemals diffuse Angebote des Ausgleichs: „Ich denke mir da was für Sie aus! Da lass ich mir was einfallen!"

Besser ist es, wenn Sie dem Kunden klarmachen, dass er etwas bekommt, was ihm auch zusteht – zeigen Sie damit deutlich, wie Ihr Unternehmen gemachte Zusagen einhält. Wenn Sie darüber hinaus etwas tun, dann sollten Sie das auch deutlich herausstellen.

7. Ich will dich nicht verlieren!

Wie so oft im Leben, kommt es auch im Falle des Reklamationsgesprächs auf die richtige Einstellung an!

Um es vorwegzunehmen: Wer an der Fortsetzung von Beziehung oder Ehe nicht interessiert ist, wird sich entweder nicht mehr streiten, oder, wenn es schon Zoff gibt, desinteressiert reagieren. Doch wie würden Sie sich verhalten, wenn es Ihnen wirklich ernst ist?

Ich will Dich nicht verlieren!

oder:

Ich will den Kunden zufrieden stellen!

Gehen Sie auf den Kunden ein

Wenn es schon Grund für Ärger und Verdruss gibt, dann muss der Kunde spüren, dass alles getan wird, um ihn auf keinen Fall zu verlieren.

Ich will, dass es besser wird!

oder:

Ich will, dass der Kunde meine Bereitschaft erkennt, seine Probleme zu lösen! Würde es nur um die „Erledigung" gehen, wäre niemand zufrieden.

Du sollst gut von mir denken!

oder:

Ich will das gute Image unseres Unternehmens erhalten!

Der Kunde soll nicht nur den Grund seiner Beschwerde loswerden, er soll auch noch einen guten Eindruck vom beklagten Unternehmen bekommen. Berücksichtigen Sie bitte folgenden Gedanken: die positiven Möglichkeiten der Werbung sind wahrscheinlich insgesamt total ausgereizt oder sogar überreizt. Was bleibt? Ein positives Beschwerdemanagement.

5 *Keine Angst vor dem Krach*

Ich habe ein Geschenk für dich!

oder:

Ich muss abwägen, wie Aufwand und Anlass in einem angemessenen Verhältnis zueinander stehen.

Es wäre wohl ein wenig übertrieben, auf den Vorwurf „Du kommst zu spät aus dem Kino!" mit einem Diamantring um Entschuldigung zu bitten!

Entschlossenes Handeln im Beschwerdemanagement ist wichtiger als übertriebene Höflichkeit und unangemessene Wiedergutmachungen.

Ich bin bereit, aus Fehlern zu lernen!

oder:

Vielen Dank, dass Sie uns auf diesen Schwachpunkt hingewiesen haben!

Jede wahrgenommene Reklamation enthält natürlich die Chance, die Dinge im Unternehmen zu verbessern. Das ist z. B. der Grund, weshalb in manchen Unternehmen jede Reklamation Chef-Sache ist!

So lange du klagst, liebst du mich!

oder:

Solange ein Kunde sich beschwert und reklamiert, solange ist er auch noch an der Fortsetzung der Geschäftsbeziehung interessiert!

Das ist die hohe Logik der Beschwerde: es wird nur geklagt, wenn man an der Fortsetzung der Beziehung interessiert ist. Wenn das nicht mehr der Fall ist, dann wird der Lieferant (Partner) gewechselt. So einfach ist das.

Ich will dich nicht verlieren! **5**

Wollen wir uns wieder versöhnen?

oder:

Jede Reklamation ist Grundstock für eine Empfehlung oder Ausweitung des Geschäfts!

Wenn ein Streit geklärt und aufgearbeitet ist, dann macht es doch Sinn, sich wirklich zu versöhnen. Das können dann sogar sehr schöne Augenblicke sein.

Wenn eine Reklamation wirklich zufriedenstellend für den Kunden erlebt wurde, dann macht es durchaus Sinn, ihn zu fragen, ob er, durch dieses positive Erlebnis bestärkt, entweder die Geschäftsbeziehung ausbauen und vertiefen möchte oder sich vorstellen könnte, eine Empfehlung für einen anderen Kunden auszusprechen.

Nachdem wir gemeinsam auch das schwierige Kapitel der Reklamation behandelt haben, möchte ich mit Ihnen jetzt über drei wichtige Aspekte reden, die mir sehr am Herzen liegen …

LoveSelling®
Professionelle Kommunikation mit Erfolgsgarantie

6

1. Die Zukunft des LoveSelling® Project 178
2. Wie Sie sich selbst motivieren: The Moment of Excellence 180

1. Die Zukunft des LoveSelling®Project

Weil LoveSelling® mehr als nur eine gefällige Metapher ist, geht es jetzt darum, das Ideenpotenzial des LoveSelling®Project wirklich zu nutzen und entschlossen in Energien umzusetzen.

Wenn Sie als verantwortlicher GeschäftsführerIn, MarketingdirektorIn, VerkaufsleiterIn, MarktleiterIn oder Verkaufsführungskraft dieses Buch gelesen haben, dann prüfen Sie bitte die vier folgenden Ideen für die psychologisch richtige Einstellung Ihrer Mitarbeiter, um sich im Verkaufswettbewerb erfolgreich durchzusetzen. Es sind Ihre Wettbewerbschancen, um die es jetzt geht!

Spannungen aufbauen

Machen Sie es spannend! Glauben Sie, dass eine Frau sich für einen demotivierten, hoffnungslosen oder langweiligen Mann interessiert? Sicher nicht. Und genauso wird es auch im Verkaufsalltag sein: Immer weniger Kunden werden bereit sein, für demotivierte, desinteressierte und austauschbare Verkäufer und Geschäftspartner Energien aufzuwenden, Zeit zu investieren oder gar Geld auszugeben!

Leidenschaftlich! Unternehmen Sie deshalb alles, um Ihrer Verkaufsmannschaft wieder ein Spannungspotenzial zu verleihen, so dass diese wirklich im Umgang mit Kunden knistern. Keine langweilige Zurückhaltung, sondern leidenschaftliches Werben um den Kunden!

Unterschiede deutlich machen

Wie viel Geld wird ausgegeben, um Prospekten und Drucksachen, Plakaten oder Messeständen ein attraktives Design zu verleihen? Was wird durch Grafiker und Designer investiert, um dem Unternehmensnamen, dem Produkt ein unverwechselbares Erscheinungsbild zu geben? Und was wird in die Verkäufer investiert?

Attraktiv! Prüfen Sie doch bitte, ob Ihre Verkaufsmannschaft tatsächlich mental und optisch so fit und attraktiv ist, dass sie den Wettbewerb der Sympathien gewinnen wird.

6 Die Zukunft des LoveSelling®Project

Potenziale entdecken

Der aktuelle Werbespruch von *Ikea* lautet: Entdecke die Möglichkeiten! Und genau darum geht es: Es gilt, die wirklichen Potenziale in den eigenen Mitarbeitern, bei den Kunden, in bestehenden und neuen Produkten und Ideen zu entdecken.

Es steckt mehr in Ihnen!

Können wir uns wirklich sicher sein, in jedem Mitarbeiter die Ressourcen schon entdeckt zu haben, die in ihm stecken? Sind für die vorhandenen Produkte und Produktideen wirklich schon alle Entwicklungs- und Einsatzmöglichkeiten gefunden? Ist in Bezug auf die Kunden alles unternommen worden, um auch die Potenziale, die in ihnen stecken, herauszuarbeiten?

Vorstellbar ist doch, dass hier noch ungeheure Energien und Chancen ungenutzt im Verborgenen liegen. Es gibt einen Song von Klaus Lage: „Tausendmal berührt; tausendmal is nix passiert!" Eines Tages, völlig unvermutet, kommt dieser eine Augenblick und die Sichtweise verändert sich ... Wollen Sie auf diesen Tag warten?

Begehrlichkeiten zulassen

Ein etwas kesser Spruch lautet: „Da Männer besser gucken können als denken, ist es für Frauen wichtig, schön zu sein!" Lassen Sie mich einen Gedanken ausspinnen: Müsste nicht viel mehr Weiblichkeit, viel mehr Erotik in das Verkaufsgespräch? Worte wie Reklame, Werbung, Verführung, Anziehungskraft und Faszination sind ja nicht nur schöne Worthülsen – dahinter steckt eine riesige, womöglich unerschlossene Energie!

Verführerische Angebote

Schluss mit der Elektronik, Bestellnummern, Ablauforganigrammen und Langeweile und los geht's mit Spaß, Power und verbaler Erotik!

Und wie man sich immer wieder selber motivieren kann, das ist das Thema im nächsten Abschnitt.

2. Wie Sie sich selbst motivieren: The Moment of Excellence

Unvergessliche Augenblicke

Wie bringt man sich als Verkäufer eigentlich immer wieder in eine positive Grundstimmung – egal, was im Augenblick zuvor gerade geschehen ist? Dafür gibt es eine wundervolle Technik, die Sie durchaus allein erlernen können – weil Sie diese Form der autogenen Selbstbeeinflussung schon können. Passen Sie genau auf:

Ein Liebespaar hat ein „gemeinsames Lied". Es könnte auch eine ganz bestimmte Sorte Eis sein oder ein Film oder ein Buch, eine Bucht am Meer, ein bestimmtes Sonnenlicht. Vielleicht ist oder war das bei Ihnen auch so, vielleicht hatten auch Sie ein gemeinsames Lied. Was glauben Sie, was aktuell passiert, wenn zwei glücklich verliebte Menschen sich gemeinsam den Film „Titanic" ansehen? Dieses Liebespaar wird von dem Film, seinen Bildern, der Musik und den starken Gefühlen in diesem Film völlig hingerissen sein. Sie werden glücklich sein, vielleicht entsetzlich schön weinen und gemeinsam davon träumen, wie sie sich gegenseitig gerettet hätten.

In Erinnerung wird das Lied „My heart will go on" von Celine Dion bleiben. Und immer, wenn beide dieses Lied hören, werden sie sich ihrer gemeinsamen Liebe bewusst – es ist eben „unser Lied"!

Jetzt schnell das folgende Szenario: Im Jahr 2058 (!) wird eine Dame, die dann vielleicht 76 Jahre alt ist, dieses Lied hören und sich dann sehr lebendig an ihre große Liebe erinnern. Vermutlich hat sie den Namen des Jungen vergessen, mit dem sie damals im Kino war, aber das Gefühl ist geblieben! Unauslöschlich hat sich in das Gedächtnis dieser Dame ein ganz bestimmtes Gefühl eingebrannt, das sie immer dann spürt, wenn Sie das Titellied des Filmes hört. Und das wird bis an das Ende aller Tage so sein – fragen Sie Ihre Großmutter. Übrigens, im dem Film „Titanic" ist genau dieses Erlebnis der rote Faden in der Story …

6 *The Moment of Excellence*

Wenn Sie sich in eine absolut positive Stimmung bringen wollen, dann führen Sie bitte die folgenden sechs Schritte durch. Üben Sie sorgfältig, Sie werden begeistert von der Wirkung sein!

Selbstmotivation

- **Erinnern Sie sich an eine positive Situation**

    Beginnen Sie damit, sich drei positive Situationen in Ihrer Erinnerung zu suchen, in denen Sie sich ausgesprochen stark fühlten, in der Sie in einer glücklichen, exzellenten Verfassung waren.

- **Entscheiden Sie sich für Ihren „Moment of Excellence"**

    Wählen Sie aus den drei Situationen diejenige aus, die Sie jetzt, in diesem Augenblick, für die schönste halten.

- **Modellieren Sie den „Moment of Excellence"**

    Wenn Sie sich nun für einen solchen Glücksmoment in Ihrem Leben entschieden haben, dann versuchen Sie bitte, sich diesen Augenblick vorzustellen:

    – *schauen* Sie sich die entsprechende Situation genau an;

    – vielleicht *hören* Sie ganz bestimmte Geräusche oder Stimmen, die Sie darin bestärken, genau diesen Augenblick zu erleben;

    – *fühlen* Sie sich bitte richtig in die Situation hinein;

    – vielleicht können Sie sogar etwas *riechen* oder *schmecken*, was Sie exakt an den Augenblick des Glücks erinnert.

Und nun kommt ein ganz spannender Augenblick: Sie können den Zeitraum des Glücksgefühls strecken – auch wenn der Moment nur eine Sekunde lang war – Sie können ihn ausdehnen, bis Sie selber sagen: nun ist er entsprechend lang und stark.

Glücksgefühle

6   *LoveSelling® – professionelle Kommunikation*

- **Geben Sie dem „Moment of Excellence" einen Namen**

  Wenn Sie sich in der Situation des „Moment of Excellence" befinden, wenn Sie genau auf dem Punkt sind, geben Sie bitte diesem Augenblick einen Namen – das kann ein Wort, ein Ruf, das können auch mehrere Worte sein.

- **Suchen Sie die Chance in der Zukunft**

  Stellen Sie sich nun eine zukünftige Situation vor, in die Sie sich hineindenken, jetzt aber beflügelt mit Ihrem Lösungswort für alle zukünftigen Aufgaben, mit dem Wort, das Ihnen gesichert das starke Gefühl des Glücks in Erinnerung bringt.

So setzen Sie Ihre inneren Ressourcen frei, so motivieren Sie sich optimal und so „singen Sie Ihr Lied"!

Wer so gut drauf ist, der kann sich auf den Weg machen …

Auf der Suche nach der großen Liebe

7

1. Die Gesetze des Erfolges 184
2. Heute beginnt der erste Tag Ihres neuen Lebens! 185
3. Zehn Goldene Erfolgsregeln 186

1. Die Gesetze des Erfolges

Sie sind Ihres Glückes Schmied

Die große Liebe im Leben und die große Liebe im Beruf lässt sich dann finden, wenn Sie die Wege kennen, die zur großen Liebe und zur großen Leidenschaft führen.

Aus den unumstößlichen Grundgesetzen des Erfolges hat bereits 1980 der große deutsche Trainer Nikolaus B. Enkelmann ein wunderbares Werkzeug geschmiedet, das ich hier mit seiner freundlichen Genehmigung präsentieren darf.

Die Grundgesetze der Lebensentfaltung

1. Nur der Mensch hat die Kraft, bewusst zu denken, zu planen und zu gestalten. Nur er kann sich selbst und damit sein Schicksal und seine Zukunft gezielt beeinflussen.

2. Am Anfang jeder Tat steht die Idee. Nur was gedacht wurde, existiert.

Impulse der Seele

3. Gedanken entwickeln sich im Unterbewusstsein – aus dem Menschen selbst oder durch äußere Einflüsse.

4. Das Unterbewusstsein – die Baustelle des Lebens und der Arbeitsraum der Seele – hat die Tendenz, jeden Gedanken zu realisieren.

5. Aus dem kleinsten Gedankenfunken kann ein leuchtendes Feuer werden.

6. Was wachsen soll, braucht Nahrung. Die Nahrung der Gedanken ist die Konzentration.

Konzentrieren Sie sich!

7. Bewusste oder unbewusste Konzentration ist Verdichtung von Lebensenergie.

8. Im Streit zwischen Gefühl und Intellekt siegt immer das Gefühl.

Heute beginnt der erste Tag Ihres neuen Lebens! **7**

9. Gefühle lenken und verstärken die Konzentration unbewusst, aber nachdrücklich.
10. Durch eine gezielte Entscheidung kann die Aufmerksamkeit auf jeden ausgewählten Punkt gelenkt werden.
11. Beachtung bringt Verstärkung. Nichtbeachtung bringt Befreiung.
12. Zustimmung aktiviert Kräfte – Ablehnung vernichtet Lebenskraft.
13. Die ständige Wiederholung einer Idee wird erst zum Glauben – dann zur Überzeugung (auch in negativer Hinsicht).
14. Glaube führt zur Tat. Konzentration führt zum Erfolg. Wiederholung führt zur Meisterschaft.

Zustimmung aktiviert Ihre Kräfte

Konzentration führt zum Erfolg

Weitere herausragende Bücher von Nikolaus B. Enkelmann finden Sie im Verzeichnis der lesenswerten Literatur.

2. Heute beginnt der erste Tag Ihres neuen Lebens!

Stellen Sie sich einmal vor: Heute beginnt der erste Tag Ihres neuen Lebens! Natürlich ist jeder Einzelne von uns für seine Vergangenheit verantwortlich, niemand kann sie abstreifen – das ist auch nicht nötig. Schließlich ist unsere Vergangenheit das Wurzelwerk unserer Herkunft.

Start frei in die Zukunft jetzt!

Aber nirgendwo steht geschrieben, dass man unter seiner Vergangenheit leiden muss! Nur weil früher etwas nicht gelungen ist, muss das in der Zukunft längst nicht so bleiben! Nur weil Sie in Ihrem Leben einen Misserfolg hatten, dürfen Sie nicht aufgeben! Wenn Sie als Verkäufer noch nicht den großen Durchbruch geschafft haben, ist heute ein guter Tag, genau diesen Erfolgsschritt zu unternehmen. Versprochen: Es wird Ihnen gelingen – Sie sind LoveSeller!

7 Auf der Suche nach der großen Liebe

3. Zehn Goldene Erfolgsregeln

Die zehn Goldenen Regeln

An erster Stelle Ihrer Erfolgsleiter stehen Sie mit Ihrer Persönlichkeit, Ihrer inneren Einstellung. Die Überzeugungsarbeit mit Menschen gelingt dann besonders gut, wenn man selber von einer starken Überzeugungskraft erfüllt ist! Wenn Sie jetzt den starken Wunsch verspüren, das bisher Gelesene nun auch in die Tat umzusetzen, dann braucht es Mut und Entschlossenheit. Deshalb bekommen Sie jetzt 10 Goldene Regeln, die Sie in die Lage versetzen, Ihre Ziele mit Ihren Kunden zu erreichen.

1. Goldene Regel
Nie mehr erklären, warum etwas nicht geht!

Alles ist möglich!

Es gibt unwahrscheinlich viele Menschen, die immer genau erklären können, warum irgend etwas nicht geht oder nicht klappen kann. Hören Sie solchen Leuten nicht mehr zu! Verzichten Sie aber bitte auch selber darauf, anderen zu sagen, warum wieder einmal irgend etwas nicht geht!

Schauen Sie sich unser Land an. Alle möglichen Leute erklären jeden Tag, warum dieses oder jenes nicht geht! Und selbst dann, wenn jemand beweisen kann, was sich in Deutschland bewegen lässt, wird er zum nicht übertragbaren Einzelfall erklärt!

Wir leben in einer Zeit, in der wir keine Zeit mehr haben, uns darin zu bestätigen, dass irgend etwas nicht funktioniert! Wir brauchen Menschen, die Wege aufzeigen können und Lösungen finden, damit möglichst viele Dinge schnell funktionieren.

Die zehn goldenen Erfolgsregeln   **7**

2. Goldene Regel
Surfen!

Wie viele Stunden Ihres Lebens haben Sie damit verbracht, sich über viele Dinge des Alltages oder Ihrer beruflichen Perspektiven zu ärgern? Wie viel Energie haben Sie eingesetzt, um nicht in die Strudel des Wandels zu geraten? Und hat es genützt?

Auf der Erfolgswelle nach vorn

Setzen Sie ab sofort Ihre Energien besser ein: Surfen Sie auf den Wellen der Konjunktur! Lernen Sie, die negativen Potenziale in positive Energie umzuwandeln! Da es immer weniger „festen Halt" gibt, lohnt es sich, ähnlich wie beim Surfen, auf den wechselnden Energien der Zeit zu gleiten.

Ich will Sie nicht ermuntern, Ihr Meinungs-Mäntelchen nach dem Wind zu hängen. Mit Surfen ist vielmehr Ausnutzung und Flexibilität verbunden. Damit verbinden sich Ideen wie Wohnort- und Tätigkeitsveränderungen, andere Arbeitszeiten oder moderne Konzepte in der Betreuung von Kunden.

Betrachten Sie bitte einmal genau eine Welle: Surfen Sie vor der Welle, werden Sie überrollt, bleiben Sie hinter der Krone, ist es zwar ruhig, aber es gibt nichts zu surfen – zu spät! Die richtige Stelle befindet sich genau am schräg verlaufenden Wellenhang. Hier bekommen Sie die meiste Energie, den größten Schwung! Also: was ist mit einem neuen Konzept, dem Persönlichkeitsseminar, das Sie doch besuchen wollten, dem Computerprogramm, das Sie nicht nur installieren, sondern auch beherrschen lernen wollten, dem Marketingseminar, um das Sie sich doch eigentlich schon immer einmal kümmern wollten?

Wenn Ihnen bei diesen Ideen der Gedanke kommt: „Aber in meiner Situation geht das nicht …!", siehe 1. Goldene Regel!

7   *Auf der Suche nach der großen Liebe*

Der Traum, ein Leben

3. Goldene Regel
Machen Sie endlich Ihren Traum wahr!

Können Sie sich noch an den Traum erinnern, den Sie sich erfüllen wollten, als Sie Ihren jetzigen Beruf ergriffen haben? Besitzen Sie noch ein Gespür für die Ziele, die Sie anstrebten? Wissen Sie noch, was Sie sich alles vorgenommen hatten, im Umgang mit Kunden, Mitarbeitern, Kollegen, Lebenspartnern und Freunden – und ganz besonders mit sich selber?

Was ist aus diesen Träumen geworden?

Nehmen Sie endlich Ihren ganzen Mut zusammen und beginnen Sie mit der Realisierung. Jetzt! Viele wollen zwar ganz große Ziele erreichen, sind aber nicht bereit, dafür auch ein entsprechendes Engagement in die Waagschale zu werfen, frei nach dem Motto: Alle wollen in den Himmel, aber keiner will sterben!

4. Goldene Regel
Befreien Sie sich!

Riskieren Sie den Schritt ins Ungewisse

Stellen Sie sich vor: Ein Betrunkener wankt tastend um eine Litfaßsäule und ruft lauthals: „Hilfe! Ich bin eingemauert!" Kaum vorstellbar? Was glauben Sie, wie viele Menschen durch ihre unglückliche Sichtweise „eingemauert" sind!

Selbst wenn man einem solchen Zeitgenossen zuruft: „Sie müssen sich doch nur umdrehen!", wird der sehr schnell entdecken, dass dieses Umdrehen mit einem Risiko verbunden ist: er wird seinen Halt verlieren! Aus seiner Sicht lebt dieser „eingemauerte" in relativ stabilen Verhältnissen. Und so geht es vielen Menschen – unglücklich, aber stabil!

Prüfen Sie entschlossen, wer oder was Sie gefangen hält. Wenn Sie es entdeckt haben, befreien Sie sich endlich. Auf was wollen Sie noch warten?

Die zehn goldenen Erfolgsregeln **7**

5. Goldene Regel
Raus aus der Geisterbahn!

Die größten Schaubuden auf den Rummelplätzen sind die Geisterbahnen. Es ist nicht schwer vorauszusagen, dass ihre Besitzer großartige Gewinne machen. Doch wieso? Die Leute wollen sich ein wenig gruseln, sich fürchten! Und das kann man in der Geisterbahn besonders gut.

Denken Sie positiv – leben Sie positiv!

Jetzt kommt aber die Überraschung: auch außerhalb des Rummelplatzes will man sich gruseln und fürchten! Am leichtesten geht das mit „schlechten" Nachrichten. Immer wieder kommt jemand, der uns etwas zum Fürchten erzählt!

Doch dieses Geisterbahnfahren vergiftet unsere Seelen. Steigen Sie deshalb um. Suchen Sie mit Ihrer Umwelt, mit Ihrer Familie und nicht zuletzt mit Ihrem Kunden das positive Gespräch!

6. Goldene Regel
Freuen Sie sich auf Ihren Kunden!

Wenn Sie das nächste Mal ein Kaufhaus oder ein größeres Geschäft betreten, dann achten Sie einmal darauf, womit Ihre Kolleginnen und Kollegen beschäftigt sind. Haben Sie das Gefühl, dass Sie beachtet werden, dass man Sie wahrnimmt? Oder sind die Damen und Herren mit sich oder einer Ware beschäftigt? Wenn Sie zu einer Behörde gehen, an einen Bahnschalter treten, sich in einem Krankenhaus ambulant melden, haben Sie das Gefühl, dass man sich über Sie freut?

Freude am Beruf

Zugegeben, der Arbeitstag eines Verkäufers ist lang und hart. Und natürlich gibt es auch fiese Kunden. Doch es bleibt nur eine Chance, in diesem Beruf erfolgreich zu werden: Freuen Sie sich auf Ihre Kunden!

7
Auf der Suche nach der großen Liebe

Wenn Ihnen das tagtäglich überzeugend gelingt, dann werden Sie erstaunt sein, was sich in Ihrem Leben alles verändert, wie Menschen die Nähe zu Ihnen suchen, wie Sie mehr und mehr Erfolg haben werden.

Machen Sie sich immer wieder klar, welche wundervolle Aufgabe Sie als Verkäufer haben!

7. Goldene Regel
Gönnen Sie sich mehr Risiko!

Ergreifen Sie die Initiative

Wir leben in einer Zeit, in der sich viele Dinge mit ungeheurer Geschwindigkeit verändern! Vieles, was gestern noch richtig und wichtig war, ist heute überholt und morgen vielleicht sogar falsch! Deshalb: warten Sie nicht ab, schauen Sie nicht tatenlos zu! Ergreifen Sie die Initiative. Unser Land braucht dringend mehr Vordenker und ganz besonders mutige Vormacher!

Wer in den Spuren anderer geht, kann niemanden überholen!

8. Goldene Regel
Patentrezepte? Patente Rezepte!

Verlassen Sie sich auf sich selbst

Warten Sie nicht länger auf die geniale Erleuchtung. Hören Sie auf, sich selber zu belügen mit der Formulierung: „Das kann ich nicht!" Finden Sie heraus, was Sie können, was Sie besonders gut können und was davon für Ihr Leben besonders wichtig ist. Beginnen Sie sofort damit, an Ihren kommunikativen Fähigkeiten weiter zu arbeiten. Selbst nachdem Sie dieses Buch gelesen haben, geht es erst richtig los!

Dazu hilft besonders die nächste, die …

7 Die zehn goldenen Erfolgsregeln

9. Goldene Regel
Sie haben die Freiheit der Wahl!

Eingeengt von den Sachzwängen unseres Alltages vergessen wir nur zu schnell, dass wir immer die Freiheit der Auswahl haben! Für diese Freiheit zahlen wir auch einen gepfefferten Preis: Wer die Freiheit der Wahl hat, übernimmt die volle Verantwortung für alles, was mit ihm und durch ihn geschieht und nicht geschieht! Keine Chance mehr für Ausreden und langatmige Erklärungen!

Die Welt steht Ihnen offen!

Diese Freiheit ist mehr als nur ein Grundrecht.

Stellen Sie sich folgende Szene bitte vor: Sie starten in den Tag. Sie betreten das Treppenhaus und müssen sich jetzt entscheiden: Treppe runter oder Treppe rauf. Auf der Treppe, die nach unten führt, steht der Satz: „Der Tag wird schwierig!" Auf der Treppenstufe, die nach oben führt, lesen Sie den Satz: „Dieser Tag bringt Chancen!" Wie werden Sie sich entscheiden?

Viele Menschen wählen den bequemen Weg in den Keller, wo sie dann auf ihre Nachbarn und Freunde treffen …

Wenige Menschen entscheiden sich für den Weg nach oben – denn obwohl vorausgesagt wird, dass der Tag Chancen bietet, könnte es ja anstrengend werden.

Was Sie erkennen sollen, ist simpel: niemand ist gezwungen, die Treppe nach unten zu gehen! LoveSeller treffen die richtige Wahl: „Das ist mein Tag!"

10. Goldene Regel
Das ist mein Ziel: gesund, glücklich und reich!

Was halten Sie von der Idee, dieses Ziel zu Ihrem Lebensziel zu machen? Sollte Ihnen einfallen, dass Sie das bestimmt nicht schaffen, beginnen Sie sofort dieses Buch von seiner ersten Seite an noch einmal zu lesen!

Das Ziel bestimmt Ihren Erfolg!

7 *Auf der Suche nach der großen Liebe*

gesund ...   Sie könnten doch ganz konkret etwas unternehmen, um gesund zu bleiben, oder? Na, also.

glücklich ...   Sie könnten auch ganz konkret etwas unternehmen, um glücklich zu sein? Was das in Ihrem konkreten Fall auch immer sein mag, überlegen Sie doch einen Augenblick: Was haben Sie z. B. an den Tagen der letzten Woche ganz konkret getan um persönlich glücklicher zu werden? Es gibt tausende von Möglichkeiten. Eine besteht darin, einen anderen Menschen glücklich zu machen. Wie wäre es, wenn Sie damit begännen?

reich ...   Und nun zum Reich-werden. Unter dem Begriff „reich" können sich wiederum unendlich viele Varianten verstecken. Vielleicht verstehen Sie unter „reich sein" reich an Freunden sein oder reich sein durch eine erfüllte Aufgabe oder reich sein durch eine glückliche Familie und Kinder. „Reich sein" könnte auch bedeuten, finanziell wirklich reich zu sein. Wie auch immer Sie sich entscheiden, auf einen einzigen Zusammenhang möchte ich Sie hinweisen: die Dinge schließen sich nicht aus. Sie müssen niemals die Wahl treffen: entweder gesund oder glücklich oder reich zu sein!

Es ist durchaus menschliches Schicksal gesund und glücklich und reich zu sein!

Lesenswerte Literatur

Folgende Bücher haben zum Entstehen dieses Trainings-Handbuchs beigetragen.

Buss, David: Die Evolution des Begehrens. Hamburg 1994
Detroy, Erich-Norbert: Abschlußtechniken beherrschen. Landsberg 1979
Detroy, Erich-Norbert: Sich durchsetzen im Preisgespräch. Landsberg 1990
Dichter, Ernest: Das große Buch der Kaufmotive. Düsseldorf 1981
Enkelmann, Claudia E.: Mit Liebe, Lust und Leidenschaft zum Erfolg. Regensburg/Berlin 2001
Enkelmann, Nikolaus B.: Die Sprache des Erfolgs. Wiesbaden 1999
Enkelmann, Nikolaus B.: Das Enkelmann-Seminar: Der erfolgreiche Weg. Medienpaket. Regensburg/Berlin 2000
Enkelmann, Nikolaus B.: Das Enkelmann-Seminar: Power-Training. Medienpaket. Regensburg/Berlin 1999
Fischer, Helen: Anatomie der Liebe. München 1993
Franke, Edmund-Udo: Durch Kundeneinwände mehr verkaufen. Landsberg 1978
Fries, Gerhard: Der erleuchtete Bio-Computer. Paderborn 1993
Geffroy, Edgar K.: Das einzige was stört ist der Kunde. Landsberg 1993
Goldmann, Heinz M.: Wie man Kunden gewinnt. 10. Auflage Essen 1982
Goldmann, Heinz M.: Wie Sie Menschen überzeugen. Düsseldorf 1990
Goleman, Daniel: Emotionale Intelligenz. München 1996
Grammer, Karl: Signale der Liebe. München 1995
Gray, John: Männer sind anders, Frauen auch. München 1992
Holzheu, Harry: Aktiv zuhören – besser verkaufen. Landsberg 1982
Köhler, Hans-Uwe L.: Musashi für Manager. Düsseldorf 1986
Müller, Mokka: Das vierte Feld. Köln 1999
Popcorn, Faith: Der Popcorn-Report. München 1992
Robbins, Anthony: Das Power-Prinzip. Bonn 1993
Schott, Barbara: Lust statt Frust. Paderborn 1992
Schulz von Thun, Friedemann: Miteinander reden. Hamburg 1981
Wage, Jan L.: Handbuch des Verkaufstrainings. Landsberg 1982
Zach, Christian F.: Begeisterte Kunden feilschen nicht. Ottobrunn 1995

Danke!

Für die Unterstützung bei der Überarbeitung des bestehenden Manuskriptes und an der Entwicklung der hinzugekommenen Passagen danke ich ganz herzlich: Erich-Norbert Detroy für seine ermunternden Hinweise, Aspekte zu vertiefen; Nikolaus B. Enkelmann für die großzügige Ausweitung seiner Gedanken; Dr. Carlheinrich Heiland für seine weiterführenden Fragestellungen; Hans-Georg Lettau für sein sprachlich-kritisches Lektorat; Uwe Günther von Pritzbuer für die Idee des Liebesbriefes; Renate Richter für ihre Trendbeobachtungen in Sachen Frauen im Verkauf; Hansjürgen Schubert für sein Überprüfen der Aspekte; Andreas Weese für seine genauen und ermunternden Kommentierungen und meiner Frau und Partnerin Ilse-Luise Köhler für ihre wohltuende kritische Distanz bei diesem Projekt.

Stichwortverzeichnis

Aggression 166
Alternativfrage 113, 115 f.
Anerkennung 59
Annäherung 48
Argument 114
Argumentation 122
   -sbeispiele 58
   -svielfalt 65
Arzt 17
Aufforderungssignale 47

B2B 76
Begeisterung 21
Bequemlichkeit 64
Beruf 13
Besitz 62
Beziehung 43
   – Kunde-Verkäufer 21
Bindung 18

Chaos-Effekt 31

Dienstleistungs 9
   -gesellschaft 9
   -Paradies 9
Druck 54, 129

Eigenmotivation 16
Einstellung
   – negative 17
Emotionen 27, 51
Empathie 33
Empfänger 15
Ersatzhandlungen 32

Fähigkeit
   – verkäuferische 38
Flirt 46, 164
   -signale 46
Flow-Erlebnis 32
Fragen 116 f.
Freude 26

Gefühl 30, 71, 77
Gehalt 10 f.
Gehirn 27, 31
Gemeinsamkeiten 48
Gespräch 48
   – Reklamations- 170, 173
Gesprächsführung
   – zeitintensive 18
Gesundheit 65

Hoffnung 22

Inszenierung 74
Intelligenz 27
   -test 27 f.
   – emotionale 31
   – soziale 27

Kaufzwang 127
Kommunikation 12, 14 f., 87, 93
   – erfolgreiche 16
Kommunikations
   -element 108
   -killer 82
   -modell 19
   -strategie 15
Konkurrenz 168

Stichwortverzeichnis

Können 13, 17
Kontakt 46, 62
   -aufnahme 49, 52
Konzentration 184
Körpersprache
   – Mikro- 41
Kunde 41
   -nbindung 40
   -nflirt 49
   -nservice 10

Ladenschlusszeiten 9
Leistung 16
   – kommunikative 12
   – Sendeleistung 15
Liebe 143
Liebespaar 43, 125, 158, 160
LoveSeller 36 ff., 40, 42, 51, 55,
   74, 78, 83, 86, 90, 107, 125,
   140, 142, 147 ff., 162 f., 170
LoveSelling® 8 f., 12
LoveSelling®Project 8

Marktschreier 36
Motiv 57 f.
Motivation 52, 54, 56 f.

Neugier 61
NLP 87
Nutzen 103

Parallelität 20
Partner
   – Kunden- 35
   – Liebes- 35
Partnerschaft 42
Patient 18
Polarisierung 141

Potenzial 179
Preis 131, 142
   -gespräch 114, 139
   -vergleich 155
   – fairer 16
Problemlösung 42
Produkt 37
Protestkäufe 148

Realität 110
Regel, goldene 186
Reklamation 167, 170, 175
Ritual 22
Routine 41, 164

Selbst-Check 39
Selbstbeeinflussung, autogene
   180
Selbstdarstellung 48
Selbstvertrauen 69
Sicherheit 60
Sinnsprache 88
Sog 54, 129
Sprache 79
Sprachsignale 111
Stil 162, 170
Störenfried 10
Störung 15
Strategie 14
Streicheleinheiten 97

Tabu 81, 121

Überzeugungsarbeit 13
Unfreundlichkeit 10 f.

Verhaltensänderung 13
Verkäufer, hochmotivierter 11

Stichwortverzeichnis

Verkaufs
 -gespräch 16, 44, 54
 -idee 17
 -qualität 117
Verliebte 20, 23
Vision 24
Vor-Urteile, im Verkauf 8

Wachstumspotenzial 141
Weihnachtspost 40

Welt
 – hypothetische 111
Werbeverhalten 46
Wettbewerbsvorteil 41
Willensbildung 52

Zahnarzt 17
Zuhören 16, 18
Zukunft 23, 41
Zweifel 137

Und so geht es weiter:

▸ Sie sind von der Idee des LoveSelling®Projects fasziniert und wollen, dass auch andere Menschen davon erfahren?

▸ Laden Sie Hans-Uwe L. Köhler ein, damit er vor Ihren Mitarbeitern oder Kunden einen seiner begeisternden Vorträge hält!

So einfach ist ein Kontakt mit dem Autor:

Post: Hans-Uwe L. Köhler
Am Forthaus 20
87490 Börwang

Fon: 083 04 - 56 57

Fax: 083 04 - 50 40

eMail: hukoehler@hans-uwe-koehler.de

Internet: www.hans-uwe-koehler.de

E-Book inklusive: Lesen wo und wann Sie wollen

Ihr Code zum Download des E-Books

6VA-S9G-KNH

Mit diesem Code können Sie das E-Book von unserer Homepage herunterladen:

- Gehen Sie zu **www.walhalla.de/inklusive**.
- Geben Sie den Code und dann Ihre E-Mail-Adresse ein.
- Der Link zum Download wird Ihnen in einer E-Mail zur Verfügung gestellt.

Wir setzen auf Vertrauen
Das E-Book wird mit dem Download-Datum und Ihrer E-Mail-Adresse in Form eines Wasserzeichens versehen. Weitere Sicherungsmaßnahmen (sog. Digital Right Management – DRM) erfolgen nicht; Sie können Ihr E-Book deshalb auf mehrere Geräte aufspielen und lesen.

Wir weisen darauf hin, dass Sie dieses E-Book nur für Ihren persönlichen Gebrauch nutzen dürfen. Eine entgeltliche oder unentgeltliche Weitergabe an Dritte ist nicht erlaubt. Auch das Einspeisen des E-Books in ein Netzwerk (z.B. Behörden-, Bibliotheksserver, Unternehmens-Intranet) ist nicht erlaubt.

Sollten Sie an einer Serverlösung interessiert sein, wenden Sie sich bitte an den WALHALLA Kundenservice; wir bieten hierfur attraktive Lösungen an (Tel. 09 41/56 84 210).

Bitte sorgen Sie mit Ihrem Nutzungsverhalten dafür, dass wir auch in Zukunft unsere E-Books DRM-frei anbieten können!